不生气

一切都会好

荻飞 著

台海出版社

图书在版编目（CIP）数据

不生气，一切都会好 / 荻飞著. -- 北京：
台海出版社, 2015.6（2019.5重印）
ISBN 978-7-5168-0638-8

Ⅰ.①不…　Ⅱ.①荻…　Ⅲ.①人生哲学—通俗读物
Ⅳ.①B821-49

中国版本图书馆CIP数据核字(2015)第132628号

不生气，一切都会好

著　　者：荻　飞			
责任编辑：姚红梅		装帧设计：飞　鸟	
版式设计：刘　伟		责任印制：蔡　旭	

出版发行：**台海出版社**

地　　址：北京市东城区景山东街20号　　邮政编码：10009

电　　话：010－64041652（发行，邮购）

传　　真：010－84045799（总编室）

网　　址：www.taimeng.org.cn/thcbs/default.htm

E － mail：thcbs@126.com

经　　销：全国各地新华书店

印　　刷：保定市西城胶印有限公司

本书如有破损、缺页、装订错误，请与本社联系调换

开　　本：150mm×210mm　　　　1/32

字　　数：143千字　　　　　　　印　张：7.25

版　　次：2015年9月第1版　　　印　次：2019年5月第9次印刷

书　　号：ISBN 978-7-5168-0638-8

定　　价：29.80元

序言

生气就是输了自己的人生

　　你能控制得住自己的怒火吗？你会因为自己情绪的起伏不定而头痛不已吗？情绪就像一条河，一个不如意接着一个不顺心就像河的支流，不断地汇聚，表面上河流平静无波澜，其实暗流汹涌。生气、难过、自卑、不舍得放弃，这些都是你的坏情绪。你是否希望可以手持情绪转换器，对着这些好像人生污点的坏情绪一按，它们就可以彻底消失或者轻松转换呢？

　　在这个世上，大多数人都有过受情绪所拖累的经历，似乎让人愤怒烦恼的事情会接二连三地袭来，于是频频抱怨生活对自己不公平，企盼某一天快乐会降临。其实，喜怒哀乐是人之常情，想让自己生活中不出现一点烦心之事几乎是不可能的。过去有人说：不能生气的人是笨蛋，而不去生气的人才是聪明人。此话有一定道理。

坏脾气消灭不了，它是你情感的一部分，是与生俱来的，你不能抹杀，也很难压抑，关键是学会与坏脾气握手言和，让自己的内心在好坏之间找到一个适合的支点，做自己命运的主人。

有一则古老的传说：一个好斗的武士向一个老禅师询问天堂与地狱的区别，老禅师轻蔑地说："你不过是个粗鄙的人，我没有时间跟你这种人论道。"武士恼羞成怒，拔剑大吼："老头无礼，看我一剑杀死你。"禅师缓缓说道："这就是地狱。"武士恍然大悟，心平气和纳剑入鞘，鞠躬感谢禅师的指点。禅师道："这就是天堂。"

武士的顿悟说明了一个人在愤怒的时候情绪不能自控，有时能做出一些失去理智的事，所以在情绪激动的时候要能够控制心灵的火山。

德国军队有一条军纪：军人遇到有不满的事情，绝对不准当场发作，一定要经过一晚上或更长时间，待心情平静下来之后再提出来讨论。这一规定也适用于我们的社会生活中。事实是，生活从来就不像你心情差时想象的那么糟糕。不要深陷于坏脾气中，你应该让自己相信你正在发现生活的真相，你可以学着质疑自己的判断。当心情好时充满感激，当心情差时从容得体，告诉自己一切都会过去的，努力做自己想成为的那个人。

当一个人在与坏脾气的较量过程中，也会渐渐变得成熟。成熟其实就是浸泡在这些情绪里的果子，等到它吸收得饱满了，等

到你可以包容别人的缺点，接受自己的脆弱、不安，以及自己的
不完美，之后可以自如转换心情的时候，也许你的成熟才真的瓜
熟蒂落。那是一个只有你自己可以，任何人都替代不了的过程。

　　下一次，在面对矛盾、面对挑衅、面对指责、面对谩骂、
面对一切不利于自己的事情时，能始终不生气，能始终保持自己
"真心"不变，这便是人生的最高境界。毕竟，生气也是要花力
气的，而且生气一定伤元气。没有价值的生气就是对生命的一种
浪费！所以，聪明如你，别让怒火冲昏了你的头脑，当你又要生
气之前，不妨轻声地提醒自己一句："生气就是认输。输给谁？
输给你自己的人生。"

目录　CONTENTS

第五辑　微笑是最好的天气

第六辑　愤怒是自己无能的表现

第一辑
不生气，一切都会好

抬头时，看云，低头时，看路。淡泊宁静，自然从容，这就是人生最大的智慧。人生要留白，摆脱各种烦恼、压力，不让坏情绪侵蚀自己的灵魂，让自己静一下，什么都不想。一切都将变得美好。

生命是一场永无止境的修行

人生之路如同一条蜿蜒曲折的山路，每个人的人生之旅就如同登山。在登山的过程中，有沟壑、有歧途、有让人绝望的深渊但也有鸟语花香和仙境般让人留恋的美景。

人不会一辈子走坦途，人与人相处，难免会发生矛盾与摩擦。那些不如意、惹我们生气的事就像是在登山过程中遇到的沟壑，是看到美景之前的必然考验。而它带给每个人的影响又各不相同，有些人可能因此而郁郁寡欢，也有些人会从中寻找到激励的力量。人生就是一场永无止境的修行。

相传，所罗门王是古代最明智的统治者。据史书记载，他说过一句很有道理的话，他说："一个人的心怎样思量，他的人就是怎样。"换言之，一个人成就有多大，全在于他选择什么样的心态。

人的心情好坏，完全可以由自己决定。有的人决定拥有忧伤，有的人决定拥有快乐。或者说，悲观是你的决定，乐观也是你的决定。同样的，自卑是你自己决定的，自信也是你自己决定的。

那么，每天早上醒来，你决定选择怎样的心态呢？你是觉得"可怕的一天又要开始了，我不得不去工作，为吃饭而奔波"，还是在想"又一个多么愉快的早晨！我想今天一定会是美好的一天"？

心情不同，人们眼中的世界也不相同。"感时花溅泪，恨别鸟惊心"，是悲观者的世界；春光灿烂，鸟语花香，是愉悦者的世界。

其实，万物本已存在，当你觉得心情舒畅时，你会情不自禁地表现出快乐的神情，同时会欣赏万物，心中的幸福感也油然而生。

因此，如果你内心不快乐，必须先对你的思想来一次彻底的改造。如果你的心中充满了愤懑、怨恨、自私或者灰色思想，当然，一切快乐的光芒便无法穿越。你需要改变精神生活，采用另一种积极向上的态度，然后，才能真正获得人生的乐趣。

其实，人生旅途也是如此，我们一生不可能一直运交华盖。生活中的逆境就如同大街上的红绿灯一样，偶尔限制你的前进，让你停下来做个短暂的休息，顺便看看自己是否走错了方向。这不是一种障碍，而是为了让你更好地完成你的旅途。请记住：当得意时，我们不可忘形。花儿最艳之时，便是凋零的开始；在失落时，我们也不必悲伤。蚕蛹剥茧之时，就是蝴蝶振翅之日。命运如同风云，变幻无常。正如古语所云：生亦何欢，死亦何惧。保持一颗淡定之心去经历人生之旅的上坡下坡，定会做到荣辱不惊，去留无意。

挥剑斩断缠住你前进脚步的绳结

生气是人们在事与愿违时做出的一种消极反应，或者是人们经历挫折时的一种后天性反应，是以自己所不欣赏的消极行为对待与自己愿望相悖的现实的精神状态。

其实，聪明人都应该培养自己摆脱绳结的能力，这样才能使我们以一颗平常心来看待烦恼，进而摆脱烦恼。

古希腊传说中的弗里几亚国王葛第士，以非常奇妙的方法在战车的轭上打了一串结。他预言：谁能打开这串结，谁就可以征服亚洲。一直到公元前334年，仍然没有一个人能成功地将结打开。

这时，亚历山大率领军队入侵小亚细亚，他来到葛第士绳结的车前，毫不犹豫地拔剑砍断了绳结。后来，他果然占领了比希腊大50倍的波斯帝国。

另有一个类似的故事。有一个小孩上山砍柴的时候被毒蛇咬伤了脚趾。他疼痛难忍，而医院却在很远的小镇里。孩子果断地用砍柴的镰刀砍断了自己的脚趾，然后忍着剧痛艰难地走到了医院。尽管他少了一个脚趾，但却用短暂的疼痛换回了自己的性命。

困扰我们的绳结不仅仅存在于我们的身边，也可能缠绕在我们的心中。

有一个青年从家里出门，在路上看到了一件有趣的事，正好经过一家寺院，便想考考老禅师。他问："什么是团团转？"

"皆因绳未断。"老禅师随口答道。

青年听了大吃一惊。

老禅师问道："什么事让你这样惊讶？"

"不，老师父，我惊讶的是，你是怎么知道的呢？"青年说，"我今天在来的路上，看到了一头牛被绳子穿了鼻子，拴在树上，这头牛想离开这棵树，到草场上去吃草，谁知它转来转去，就是脱不开身。我以为师父没看见，肯定答不出来，没想到你一语就说中了。"

老禅师微笑道："你问的是事，我答的是理；你问的是牛被绳缚而不得脱，我答的是心被俗务纠缠而不得脱，一理通百事啊。"

人活在世上只有短短几十年，却总有人为一些小事发愁而浪费了很多时间。

现在有以下两组问题需要我们回答：

第一组问题——

你是否经常因一些琐事烦心？你是否偶尔会控制不住自己发脾气？你是否在工作中受到同事闲言碎语的"旁敲侧击"，有时候你是否会忍不住和他们争辩一番？

大多数人的回答是：是的。

第二组问题——

你是否有着未来三年的人生计划并把它装在自己的脑子里？你是否时时审视自己有没有做到足够宽容和乐观？你是否因某个难题生出一些创意？你是否依靠自己的谅解和幽默又赢得一位朋友？

同样，回答的人很多，但他们的结果是：NO。

太多的人把目光放在自己身上，放在每天一成不变的生活上，而很少去关注别人的冷热以及自己的内心。他们只看到眼前，而忽略了生活的连续性，忘记了在做事的同时为自己积累发展的资本。

我们需要一种战略眼光，做人需要一种大的境界。因此，你不能因那些琐事耽误了你的计划进程。在这个时代，你应该在冷静中保持高效。和庸人争辩能显示出你的口才，但也缠住了你前进的脚步。

这是一个富有戏剧性的故事，主人公叫罗勃·莫尔。

"1945年3月，我在中南半岛附近276英尺深的海下，学到了一生中最重要的一课。当时，我正在一艘潜水艇上。我们从雷达上发现一支日军舰队——一艘驱逐护航舰，一艘油轮和一艘布雷舰——朝我们这边开来。我们发射了三枚鱼雷，都没有击中。突然，那艘布雷舰直朝我们开来（一架敌国飞机，把我们的位置用无线电通知了它）。我们潜到150英尺深的地方，以免被它侦察到，同时做好应付深水炸弹的准备，还关闭了整个冷却系统和所有的发电机器。

"3分钟后，天崩地裂。6枚深水炸弹在四周炸开，把我们直压海底——276英尺的地方。深水炸弹不停地投下，整整15个小时，有十几枚就在离我们50英尺左右的地方爆炸——若深水炸弹距离潜水艇不到17英尺的话，潜艇就会被炸出一个洞来。当时，我们奉命静躺在自己的床上，保持镇定。我吓得无法呼吸，不停地对自己说：'这下死定了……'潜水艇的温度几乎有100多度，可我却吓得全身发冷，一阵阵冒冷汗。15个小时后，攻击停止了，显然那艘布雷舰用光了所有的炸弹后开走了。这15个小时，在我感觉好像有1500万年。我过去的生活——浮现在眼前，我记起了做过的所有的坏事和曾经担心过的一些很无聊的小事。我曾担忧过，没有钱买自己的房子，没有钱买车，没有钱给妻子买好衣服。下班回家，常常和妻子为一点芝麻小事吵架。我还为我额头上一个小疤—— 一次车祸留下的伤痕——发过愁。

"多年之前那些令人发愁的事，在深水炸弹威胁生命时显得那么荒谬、渺小。我对自己发誓，如果我还有机会再看到太阳和星星的话，我永远不会再忧愁了。在这15个小时里，我从生活中学到的，比我在大学念四年书学到的还要多得多。"

我们一般都能很勇敢地面对生活中那些大的危机，却常常被一些小事搞得垂头丧气。生活中美好的事情如此之多，被那些乱麻般的琐事绊住脚是得不偿失的。最重要的是，你应该坚持不断地培养自己的这种意识——不要因琐事烦恼，不要和小人纠缠，向心中的绳结用力挥刀，当断立断，因为还有更重要的事等着我们呢。

淡泊平和，快乐才能充盈于心

淡泊名利是一种佳境，追逐名利是一种歧途。淡泊名利，可能平凡，但还不至于平庸；追逐名利，可能会风光，但心灵就不会自由，这样做人还有什么意思呢？名利无非是身外之物，面对名利，我们要做到：得之泰然，不惊不喜；失之淡然，不悲不怒。为了名利而累心累身，的确是件本末倒置的傻事。

乾隆皇帝下江南的时候，在镇江金山寺，他问寺中高僧法磐："长江中船只来来往往，这么繁华，一天到底要过多少条船啊？"法磐回答："只有两条船。"乾隆问："怎么会只有两条船呢？"法磐说："一条为名，一条为利，整个长江中来往的无非就是这两条船。"

为什么这么多人在为了名利而奔波呢？因为人活在世上，无论贫富贵贱，穷达逆顺，都不是生活在真空里，要生存要发展，都离不开"名利"两字。中国有很多流传千年的学习谚语，什么"书中自有黄金屋，书中自有颜如玉，书中自有千钟粟"，什么"吃得苦中苦，方为人上人"，什么"十年寒窗苦读日，换取功成名就时"，等等，其实还是在用"名利"两字来激励学子们刻苦学习。

曾有这样一则报道，说的是一所中学的班主任老师，为了激发学生的学习兴趣，引发学生的学习动机，竟然这样向学生宣传学习的好处——学习好能给你们带来荣华富贵、金钱、美女。此消息传出后，在社会上引起轩然大波。很多人都指责这位教师的做法，但也有人认为，这位老师说的是大实话，与"学习改变命运"这句经典口号在本质上是一致的。

诚然，名利能给人带来巨大的物质享受，能满足人的虚荣心，但如果过分地追名逐利，肯定会给人带来无休无尽的苦恼。

萨克雷的《名利场》中的女主人翁蓓基·夏泼便是典范，她的一生都是在不断追求名利中度过的，到最后，她的一切心机全白费了。作者在全书的结尾以感伤而又无奈的语气写下了这样一段话："唉，浮名浮利，一切虚空，我们这些人里面谁是真正快活的？谁是称心如意的？就算当时遂了心愿，以后还不是照样不满意？"

《红楼梦》中的《好了歌》唱得好："世人都晓神仙好，唯有功名忘不了。古今将相在何方，荒冢一堆草没了。世人都晓神仙好，唯有金银忘不了。终朝只恨聚无多，及到多时眼闭了。"人来到这个世界，只不过是一个来去匆匆的过客。名和利，都是过眼烟云，是身外之物，生不带来，死不带去，与其一生为名利所累，不如活得踏踏实实、快快乐乐。

闻名天下的居里夫人，一生获得各种奖金10次，各种奖章16枚，各种名誉头衔117个，她对于这些却从来都是"不生气"对待。有一天，一位朋友来她家做客，看见其小女儿正在玩英国皇家学会刚刚颁发给她的一枚金质奖章，朋友大惊道："现在能得到一枚英国皇家学会的奖章是极高的荣誉，你怎么能给孩子玩呢？"居里夫人笑了笑说："我是想让孩子从小就知道，荣誉就像玩具，只能玩玩而已，绝不能永远守着它，否则就将一事无成。"不仅如此，居里夫人还毅然将100多个荣誉称号统统辞掉。她对待荣誉的这种态度，是她能够第二次获得诺贝尔奖的基础。

　　钱钟书先生学贯中西，著有《谈艺录》《管锥编》《围城》等著作，享有"博学鸿儒""文化昆仑"之美誉。一位美籍华人新闻记者要采访他，却被拒之门外。他把《写在人生边上》一书重印的稿费全部捐献给了中国社会科学院文学研究所；电视剧《围城》的稿费全捐给了国家；国外有许多地方要重金聘请他，皆被其婉言拒绝。他对一位年轻人说："名利地位都不要去追逐，年轻人需要的是充实思想。"钱钟书甘于寂寞、淡泊自守、不求闻达，视名利如浮云，反而让人们从内心里更加敬重他。

　　"非淡泊无以明志，非宁静无以致远"，这句话虽寥寥数字，却道出人生的许多真谛。真正淡泊之人，心胸大度，心态平和，视名利如粪土，堂堂正正做人，踏踏实实做事。现代社会是五光十色的大千世界，充溢着各式各样夺人耳目的诱惑，对于金钱、名利、地位这些东西，很多人嘴上说是"视为粪土"，但内心是"看得破，忍不过；想得到，做不来"。对于名利，他们都忍不住要去争一争、抓一抓。结果呢？就像一则故事中讲的那样，一只小狗为了追求第二块骨头，将能给自己带来幸福的第一块骨头也给弄丢了，结果实在是得不偿失。

　　能够淡泊于名利的沉浮与得失，就能平静地对待生活，平静地面对身边的人和事。得到了欣然接受，失去了泰然处之；鲜花掌声不忘形，冷嘲热讽无所谓；得意时候不张扬，挫折面前不忧伤……唯有如此平常的心态，才能真正得到内心的快乐。

学会舍得，世界也会变得风光霁月

什么都想要，却又不能什么都要，这样活着岂不很累？人们常常抱怨不断。

一个灵魂对老天爷说："您给我一个最好的形象，我将永远崇拜您。"

老天爷仁慈地回答："好，你准备做人吧。这是世界上最好的形象。"

灵魂问："做人有风险吗？"

"有，勾心斗角，残杀，诽谤，夭折，瘟疫……"

"另换一个吧！"

"那就做马吧。"

"做马有风险吗？"

"有，受鞭笞，被宰杀……"

"唉，请再换一个吧。"

"老虎。"

"老虎，"灵魂乐了，"老虎是兽中之王，它一定没风险。"

"不，老虎也有风险，有时被猎人杀，有一种小兽也是它的克星。"

"啊，老天爷，我不想当动物了，植物总可以吧。"

"植物也有风险，树要遭砍伐，有药性的草被制成药物，无药性的草人兽食之。"

"啊，恕我斗胆，看来只有您老天爷没有风险了。我留下，在您身边吧。"

老天爷哼了一声："我也有风险，人世间难免有冤情，我也难免被人责问，时时不安。"说着，老天爷顺手扯过一张鼠皮，包裹了这个灵魂，推下界来："去吧，你做它正合适。"

生活中应该学会满足，若不知足有时就连起码的东西都得不到。

学会放弃吧！生活中，外在的放弃让你接受教训，心理的放弃让你得到解脱，生活中的垃圾既然可以不皱一下眉头就轻易丢掉，情感上的垃圾也无须抱残守缺。

学会放弃吧，朋友。在物欲横流的今天，许多事情需要你做出选择，而有选择就有放弃。要想得到野花的清香，必须放弃城市的舒适；要想达到梦的彼岸，必须放弃清晨甜美的酣睡；要想重拾往日羊肠小道的温馨，必须放弃开阔平坦的公路……人生苦短，若想获得，必须放弃。放弃，让你可以轻装前进，忘记旅途的疲惫和辛苦；放弃，可以让你摆脱烦恼忧愁，整个身心沉浸在悠闲和宁静中。放弃那段令你困惑烦恼的情感吧，既然那段岁月已悠然遁去，既然那个背影已渐行渐远，又何必要在一个地点苦苦守望呢？挥一挥手，果断放弃，勇敢向前走，前方，有更美的缘分之花在专门为你开放！

放弃不仅能改善你的形象，使你显得豁达豪爽；放弃也会使你赢得朋友的依赖，让你变得完美坚强；放弃会让你获得万众瞩目，使你的生命绚丽辉煌；放弃会使你变得聪明、能干，更有力量。

学会放弃吧，凡是次要的、枝节的、多余的，该放弃的都放弃吧！

放下是一种觉悟，更是一种心灵的自由。

只要你不把闲事常挂在心头，你的世界将会是一片风光霁月，快乐自然愿意接近你！

其实，生活原本是有许多快乐的，只是我辈常常自生烦恼，"空添许多愁"。许多事业有成的人常常有这样的感慨：事业小有成就，但心里却空空的。好像拥有很多，又好像什么都没有。总是想成功后坐豪华邮轮去环游世界，尽情享受一番，但真正成功了，仍然没有时间没有心情去了却心愿。因为还有许多事情让人放不下……

对此，作家吴淡如说得好：好像要到某种年纪，在拥有某些东西之后，你才能够悟到，你建构的人生像一栋华美的大厦，但只有硬装，里面水管失修，配备不足，墙壁剥落，又很难找出原因来整修，除非你把整栋房子拆掉。你又舍不得拆掉。那是一生的心血，拆掉了，所有的人会不知道你是谁，你也很可能会不知道自己是谁。

仔细咀嚼这段话，其中的味道，世人不就是因为"舍不得"吗？

很多时候，我们舍不得放弃一个放弃了之后并不会失去什么的工作，舍不得放弃已经走出很远很远的种种往事，舍不得放弃对权力与金钱的角逐……于是，我们只能用生命作为代价，透支着健康与年华。不是吗？现代人都精于算计投资回报率，但谁能算得出，在得到一些自己认为珍贵的东西时，有多少和生命休戚相关的美丽像沙子一样在指缝间溜走？而我们却很少去思忖：掌中所握的生命的沙子的数量是有限的，一旦失去，便再也捞不回来。

佛家说的"要眠即眠，要坐即坐"，是多么自在的快乐之道啊，倘使你总是"吃饭时不肯吃饭，百种索求，睡眠时不肯睡，千般计较"，这样放不下，你又怎能快乐呢？

随喜随缘，顺其自然

生命是一种缘，是一种必然与偶然互为表里的机缘。有时候命运偏偏喜欢与人作对，你越是挖空心思去追逐一种东西，它越是想方设法不让你如愿以偿。这时候，痴愚的人往往不能自拔，好像脑子里缠了一团毛线，越想越乱，他们陷在了自己挖的陷阱里。而明智的人明白知足常乐的道理，他们会顺其自然，不去强求不属于他的东西。

顺其自然，绝非被动人生，不是在生活的海边临渊羡鱼，不是在命运的森林里守株待兔，而是洞悉人生、承受一切命运际遇的大智慧；顺其自然，是对生命的善待与珍爱，是对人生的喝彩和礼赞。

一位21岁的匈牙利青年，身上只带了5美元到美国闯天下，20年后，他成了百万富翁。他曾经非常自豪地说："我没有做过一笔赔钱的交易，也没有一次失败的经营。"他就是保罗·道密尔，一个在美国工艺品和玩具业富有传奇性的人物。

几年后，道密尔买下了一家濒临倒闭的玩具公司。当时他发现成本太高是这家玩具工厂失败的主要原因，他决定提高产量以降低成本。道密尔规定：凡是制作工人所用的工具、材料，一定都要放在最顺手的地方，要用时，一伸手就可以拿到。这样一来，操作机器的工人不必再为等材料、找工具耽搁时间，无形中节省了很多时间。这样就能让工厂增产并节约成本，因此玩具公司在道密尔的手下起死回生了。

道密尔的成功之道是顺其自然。同样，我们过日子，也要顺其自然，不要刻意去追求什么。饿了就吃，困了就睡，有机会就争取，没把握住就放弃，该干吗就干吗。如此随心所欲、顺其自然，日子就是快乐的，人生就是舒服的。

一个病人问大夫："我有冠心病、糖尿病，您看吃什么好呀。"大夫问他："您爱吃什么？"病人说："我就爱吃东坡肘子、红烧肉。可是听说东坡肘子、红烧肉动物脂肪多，所以不能吃，甚至连香蕉、桃子、西瓜都不能吃。"

大夫说："这也不能吃，那也不能吃，人活着还有什么意思？你想吃什么吃什么，爱吃什么吃什么，因为营养是互补的，世界上没有任何一种食物能满足人的各种需要。既然你喜欢吃这些，就说明你身体需要它。何况，人体自身有很强大的代偿能力和调节能力。只要适可而止，吃这些东西是不会有什么危害的。"

想要做人不生气，就应当顺其自然，做人、做事不要太强求、太执着，一切越简单越好。如果丢掉平常心，挖空心思去追逐、千方百计去攀求，就会产生反常心、异常心，做起事情来就会感觉很别扭，即使成功也毫无快乐的感觉。当然，顺其自然不是守株待兔那样的消极等待，而是顺应客观实际去做，没条件、没能力、不适合自己做的事情，就不要去做。反之，就要认真做好。

唐朝有个姓郭的人，因为脊背隆起，弯着腰走路，很像骆驼的样子，同乡的人就叫他"骆驼"。他听了并不生气，反而舍去了自己的原名，自称"橐驼"。驼子以种树为业，种的树木或者移栽的树木没有不成活的，而且高大茂盛，果实结得也又早又多，其他种树的人虽然观察效仿，可总是不及他。

有人问驼子诀窍，他说："我不过是依照树木生长的自然规律而使它按自己的习性成长罢了。"别人不懂，他就解释说："一般来说，种植的方法是：根要舒展，培土要平，应保留一些原土，种好后周围的土要砸结实。做到这些，就不要再去动它，不要再为它担心，离开它，不必再去照管它了。移栽时像抚育亲生子女，种好后就像扔掉一样，顺应它们的习性，那么树木的生长规律就能得到保全。因此说，我只是不妨碍树木的成长而已，并没有什么能使它们高大繁茂的特殊本领；我只是不抑制不损伤它们的果实罢了，并没有让它们早结果实的秘诀。"

别人又说："我们也差不多就是这样做的呀，而且更精心呢。"驼子笑笑说："你们种树时树根还蜷曲着而土却要换成新的，培土时不是多就是少。即使有人能够不那样做，却又过于爱惜，过于担心，早晨看看，傍晚摸摸，刚刚离开又马上回来照顾，更严重的是还用指甲抓破树皮来检查它们的死活，摇动根株来观察栽种得是否结实。这样就日益背离树木的生长习性了，虽然表面上看你们是爱护它们，实际却是在损害它们；表面上说是担心它们，实际上却是仇视它们，因而也就不能与我比。"

这个故事就是唐代柳宗元写的《种树郭橐驼传》，其寓意就是告诉我们对人对事不强求、不生气，不要完美主义，只要顺其自然就好。

顺其自然就是想睡就睡，想坐就坐，热时取凉，寒时向火，没有过分矫饰，以清爽、宁静、洁净的心态来对待生活。特别是遇到"十有八九"不如意的事情时，更要顺其自然，不要耿耿于怀、念念不忘。

三伏天，寺院里的草地枯黄了一大片，很难看。小和尚看不过去了，对师父说："师父，快撒点种子吧！"师父说："不着急，随时。"

种子到手了，师父对小和尚说："去种吧。"不料，一阵风起，吹走了不少。小和尚着急地对师父说："师父，好多种子都被吹飞了。"师父说："没关系，吹走的净是空的，撒下去也发不了芽，随性。"

刚撒完种子，这时飞来几只小鸟，在土里刨食。小和尚急着对小鸟连轰带赶，然后向师父报告说："糟了，种子都被鸟吃了。"师父说："急什么，种子多着呢，吃不完，随遇。"

半夜，一阵狂风暴雨。小和尚来到师父房间带着哭腔对师父说："这下全完了，种子都被雨水冲走了。"师父答："冲就冲吧，冲到哪儿都会发芽，随缘。"

几天过去了，昔日光秃秃的地上长出了许多新绿，连没有播到种的地方也有小苗探出了头。小和尚高兴地说："师父，快来看呐，都长出来了。"师父却依然平静如故地说："应该是这样吧，随喜。"

我们常想悟出真理，却反而因为这种执着而迷惑、困扰。世界万物都是自然而然的，事物的发展运动也是自然而然的，遇到一些麻烦事，没有必要去怨天尤人，只要恢复直率之心，彻底地顺从自然，真理就随手可得了。

心胸宽阔，前方的路才宽广

一个人品格的形成，大体上要经历三个阶段：

第一阶段是"不大度"。年少轻狂时，好胜心极强，什么都要和别人比高低、争输赢。

第二阶段是"比较大度"。人生经验丰富之后，开始知道"量小失众友，度大集群朋"等至理名言的深奥之处，于是学会了对人对事宽容大度。

第三阶段是"非常大度"。阅历更丰富，心态变得平和，真正明白了"大度为上"的人生哲理，因而在处理人际关系时，更加虚怀若谷与豁达开朗。

从以上三个阶段不难看出，若想做人不生气，只靠智慧和机遇是远远不够的，还必须要有大度的胸怀。"量大好做事，树大好遮阴"，如果一个人心胸大度，凡事以大局出发，就能博得众人的认同，事业上便会前途似锦。

春秋时期，齐襄公被杀后，公子小白和公子纠为争夺王位明争暗斗，鲍叔牙与管仲各为其主，一个帮助公子小白，一个帮助公子纠。双方智斗时，管仲还用箭射中了小白衣带上的钩子，令小白险些丧命。后来小白抢先回国，做了齐国新国君，即齐桓公。

齐桓公执政后，任命鲍叔牙为相国。鲍叔牙心胸宽广，坚持把好友管仲推荐给齐桓公，并解释说："只有管仲能担任相国要职，我有五个方面比不上管仲：宽惠安民，让百姓听从君命，我不如他；治理国家，能确保国家的根本权利，我不如他；讲究忠信，使百姓为国家效力，我赶不上他；制订礼仪，使各国都来效法，我不如他；指挥战争，使百姓更加英勇，我不如他。"齐桓公是个宽容大度的人，不记私仇，采纳了鲍叔牙的建议，重用管仲，任命他为相国。管仲担任相国后，协助齐桓公在内政、经济、军事等方面进行改革，使齐国在数年之间就成为中原地区的强国，齐桓公也因此成就了"九合诸侯，一匡天下"的春秋霸业。

古往今来，那些能干大事、能取得成就的人，无一不是胸怀大度的人，宽容大度、虚怀若谷、以德报怨，是他们的共同品质。

美国开国总统华盛顿连任一届总统后，便坚持不再连任。离任时，他兴致勃勃地出席告别宴会，频频向人们举杯祝福。次日，他又参加了新任总统亚当斯的宣誓就职仪式。然后，挥一挥礼帽向大家告别，坦然地回到了家乡的维农山庄。

大度是大气、大方、大量，是开阔的胸襟、博大的胸怀，是用不生气来笑看成败得失，容忍冷嘲热讽。"君子量大，小人气大；君子不争，小人不让；君子和气，小人斗气；君子助人，小人伤人。"

胸怀大度是一种高尚的品质，它是智慧、人格、品德和情操相结合的产物。大度者严于律己，宽以待人，能虚心接受批评、意见，能对误解、诽谤不生气，付之一笑。这种心胸，正是干大事者所必备的素质。

让步是一种喜悦，唯宽可以容人

有一条大河，河水波浪翻滚。河上有一座独木桥，桥很窄，仅用一根圆木搭成。有一天，两只山羊分别从河两岸走上桥，到了桥中间相遇了。但因桥面太窄，谁也无法通过，这两只山羊谁也不肯退让，在桥上用角顶撞起来，而且互不示弱，抵死相拼，最终双双跌落桥下被河水吞没了。

《菜根谭》中说："途经路窄处，要留一步让别人先行，这才是涉世的安乐法。"上面这则寓言也正蕴含了"经路窄处，留一步让别人先行"的道理。在狭窄的路口处让别人先行，自己退让一步。表面看，好像自己吃亏，但实际上，如果彼此都不相让，势必两败俱伤，倒不如互相宽容，对大家都好。

凡事都应该学会让一步，给别人留有余地，不要将其逼至绝处，否则也许会威胁到自己的生命财产安全。"狗急跳墙""兔子急了也咬人"之类的俗语，大家肯定都是知道的，那何不对人对事都退让一步呢？

以养鱼作为比喻，做人退一步有三种境界：初级境界是玻璃缸里赏鱼，只让它在一定的范围存在和活动；中等境界是池塘养鱼，水肥鱼跃；最高境界是让鱼归江海，任其自由自在地游弋。

为什么有的人做不到退一步呢？那是因为他没有做到不生气，要么自私狭隘，要么斤斤计较，要么得理不饶人。如果人人都能做事退一步，生活中的许多纠葛、怨恨、偏见和不快，都会烟消云散，恶语中伤也将消失得无影无踪。反之，如果以情绪代替理智，让愤怒主导行为，以牙还牙，睚眦必报，结果只能是两败俱伤。现实中，因为一句话、一元钱的小矛盾而导致一场官司、一条人命的事不是经常发生吗？

退让不是懦弱、不是胆怯，而是一种坦然和释怀。明代学者薛瑄说："让步是一种喜悦，被别人宽容是一种幸福。惟宽可以容人，惟厚可以载物。"退一步其实就是凡事不生气、不苛求、不极端、不任性，它有助于人际关系的融洽，有助于保持身体的健康，更能增加自身的道德修养。所以，当对人对事可以退让时，我们就应该尽量多一些宽容，学会独木桥边退一步。

在心灵的原野上栽一株芬芳的花

"文革"期间，著名作家沈从文被下放到多雨而土地泥泞的湖北咸宁劳动改造，饱受痛楚。可沈从文毫不在意，在咸宁给他的表侄、画家黄永玉写信说："这儿荷花真好，你若来……"

就这样一句普普通通的"荷花真好"，竟使那段苦难的日子飘荡着荷花的芬芳，令人以为多雨泥泞的咸宁是王孙可游的人间仙境呢！

唐代著名的慧宗禅师常为弘法四处讲经，云游各地。有一回，他临行前吩咐弟子看护好寺院的数十盆兰花。

弟子们深知禅师酷爱兰花，因此侍弄兰花非常殷勤。但一天深夜，狂风大作，暴雨如注。偏偏当晚弟子们一时疏忽，将兰花遗忘在了户外。第二天清晨，弟子们后悔不迭。眼前是倾倒的花架、破碎的花盆，棵棵兰花憔悴不堪，狼藉遍地。

几天后，慧宗禅师返回寺院。众弟子忐忑不安地上前迎候，准备领受责罚。得知原委后，慧宗禅师泰然自若，神态依然平静安详。他宽慰弟子们说："当初，我不是为了生气而种兰花的。"

就是这么一句平淡无奇的话，令在场的弟子们听后，肃然起敬之余，更是如醍醐灌顶，顿时大彻大悟……

"我不是为了生气而种兰花的"，看似平淡的偈语里，暗示了多少佛门玄机，又蕴含了多少人生智慧啊！现实生活中，无限制增长的欲望、不满足现状的心态，还有那诸多数不清的烦恼与磨难，常常使人患得患失。因此，很多人抱怨命运不公，哀叹时运不济，对别人满怀愤怒之情。

常言道：人生在世，不如意事常八九。其实，只要我们严肃冷静地分析人生，痛苦与欢乐几乎是与生俱来的。造物主让我们来到人世中，享受世界的无限欢乐，但同时也要给我们困苦、不幸的负重。人生就是一次爬山的旅行，辛苦是自然的，摔跤有时也难免，磨难就是这次旅行的代价。既然我们能够愉快地享受人生，为什么不能快乐地接受生活赐予的苦难呢？况且，苦难已降临，生气烦恼又有何用？

栽种一株快乐的花朵于心田，无论生活面临怎样的境地，人生遭逢怎样的磨难，请把快乐的花朵开放在心灵的原野上，让灵魂的舞姿如花之绰约，满载着花的芬芳。

无论生命有多少凄苦，人生有多艰难，栽种一株快乐的心灵之花于心田，让绚丽的花朵昂然地绽放在生命的枝头。从此，我们便拥有了兰心惠质，我们的心境也定会盈满幸福！

第二辑

你若盛开，清风自来

　　情绪就像马车，而人握着马车的缰绳。不能控制情绪的人，就如手中握有缰绳，却不会驾驭，是人生的失败者。而高明的驾驭者能疗愈自己的情绪，让生命的精彩得以绽放。在浮躁而慌乱的世界，让我们活成一株迎风而立、吐露芬芳的花蕊，你所追求的一切才会款款而来。

驾驭情绪，让情绪为我所用

美国著名心理学家丹尼尔认为，一个人的成功，只有20%是靠IQ（智商），80%是凭借EQ（情商）而获得。而EQ管理的理念即是用科学的、人性的态度和技巧来管理人们的情绪，善用情绪带来的正面价值与意义帮助人们成功。

许多人都懂得要做情绪的主人这个道理，但遇到具体问题就总是知难而退："控制情绪实在是太难了。"言下之意就是："我是无法控制情绪的。"别小看这些自我否定的话，这是一种严重的不良暗示，它真的可以毁灭你的意志，使你丧失战胜自我的决心。还有的人习惯于抱怨生活："没有人比我更倒霉了，生活对我太不公平。"抱怨声中他得到了片刻的安慰和解脱。"这个问题怪生活而不怪我。"结果却因小失大，让自己无形中忽略了主宰生活的职责。所以要改变一下对身处逆境的态度，用积极的心态对自己坚定地说："我一定能走出情绪的低谷，现在就让我来试一试！"这样你的自主性就会被启动，沿着它走下去就是一番崭新的天地，你会成为自己情绪的主人。

输入自我控制的意识是开始驾驭自己的关键一步。曾经有个初中生，不会控制自己的情绪，常常和同学争吵，老师批评他没有涵养，他还不服气，甚至和老师争执。老师没有动怒而是拿出相关书籍逐字逐句解释给他听，并列举了身边大量的例子。他嘴上没说话却早已心悦诚服。从此他有了自我控制的意识，经常提醒自己，主动调整情绪，自觉注意自己的言行。就在这种潜移默化中他拥有了健康而成熟的情绪状态。

其实调整控制情绪并没有你想象的那么难，只要掌握一些正确的方法，就可以很好地驾驭自己。在众多调整情绪的方法中，你可以先学一下"情绪转移法"，即暂时避开不良刺激，把注意力、精力和兴趣投入到另一项活动中去，以减轻不良情绪对自己的冲击。一个高考落榜的女孩，看到同学接到录取通知书时深感失落，但她没有让自己沉浸在这种不良情绪中，而是幽默地告别好友："我要去避难了。"然后出门旅游去了。风景如画的大自然深深地吸引了她，辽阔的海洋荡去了她心中的积郁。情绪平稳了，心胸开阔了，她又以良好的心态走进生活，面对现实。

　　真正健康、有活力的人，是和自己情绪感觉充分在一起的人，是不会担心自己一旦情绪失控会影响到生活，因为他们懂得驾驭、协调和管理自己的情绪，让情绪为自己服务。

　　有的人比较内向，容易压抑内心真实的感觉。心情很沮丧时，往往说成是头痛、不得劲儿、不太舒服；焦虑不安时，常以为是胃痛、肚子不好受。解决的办法，多半是找几片药片吃了了事，很少真正去面对自己的问题，更别说能看穿自己是否被情绪牵着鼻子走了。

　　每个人的情绪都会时好时坏。卡耐基说："学会控制情绪是我们成功和快乐的要诀。"没有任何东西比我们的情绪，也就是我们心里的感觉更能影响我们的生活了。

　　每个人都会遇到这样和那样不顺心的事情，天灾人祸、疾病的袭击随时可能会降到你的头上。如果你总是闷闷不乐地活着，总是在抱怨自己倒霉，不顺心的事情为什么都会降临到我头上？那么你的心情是难以快乐的。

　　情绪的好坏是自己所掌握的，以积极的心态去看待一切事情，你就是快乐的。要是以消极的态度去看待身边的事情，你就是悲伤的，快乐与不快乐就在你一念间。

别在不愉快的事情上纠缠不休

　　人们在生活中有时会遇到恶意的指控、陷害，更经常会遇到种种不如意。有的人会因此大动肝火，结果把事情搞得越来越糟，就像下面这位议员一样。

　　在20世纪60年代，有一位很有才华、曾经做过大学校长的人，准备竞选美国中西部某州的议会议员。此人资历很高，又精明能干、博学多识，看起来很有希望赢得选举的胜利。但是，在选举的中期，有一个小谣言散布开来：三四年前，在该州首府举行的一次教育大会中，他跟一位年轻女教师"有那么一点暧昧的行为"。

　　这实在是一个弥天大谎，这位候选人对此感到非常愤怒，并尽力想要为自己辩解。由于按捺不住对这一恶毒谣言的怒火，在以后的每一次集会中，他都要站起来极力澄清事实，证明自己的清白。其实，大部分的选民根本没有听到过这件事，但是，现在人们却愈来愈相信有那么一回事，真是愈抹愈黑。公众们振振有词地反问："如果他真是无辜的，他为什么要百般为自己狡辩呢？"如此火上加油，这位候选人的情绪变得更坏，也更加气急败坏声嘶力竭地在各种场合下为自己洗刷，谴责谣言的传播。然而，这却更使人们对谣言信以为真。最悲哀的是，连他的太太也开始转而相信谣言，夫妻之间的亲密关系被破坏殆尽。

最后他竞选失败，从此一蹶不振。其实这都是竞争对手设计出来的，他何苦对此如此在意呢？

我们都会因不愉快的事而情绪不佳，这时你不妨试试转移自己的情绪注意力，不要在不愉快的事情上纠缠不休。如果你越要弄个清楚，越会陷入失败的泥沼不能自拔。你可以学学下面转移情绪的几个好方法。

1.积极参加社交活动，培养社交兴趣

人是社会的一员，必须生活在社会群体之中，一个人要逐渐学会理解和关心别人，一旦主动爱别人的能力提高了，就会感到生活在充满爱的世界里。如果一个人有许多知心朋友，就可以取得更多的社会支持。更重要的是可以感受到充足的社会安全感、信任感和激励感，从而增强生活、学习和工作的信心和力量，最大限度地减少心理应激和心理危机感。

一个离群索居、孤芳自赏、生活在社会群体之外的人，是不可能获得心理健康的。随着核心家庭的增多，来自家庭的社会支持减少，因此走出家庭，扩大社交显得更有实际意义。

多取得身边资源。经理可以多找部属聊，同事之间也可互相讨论，激发出一个可执行的方案，执行时大家都有参与感。执行方案因为已纳入所有工作者的智慧，个人会有值得存在的价值

感，减少不必要的失落。

2.多找朋友倾诉，以疏泄郁闷情绪

生活和工作中难免会遇到令人不愉快和烦闷的事情，如果有好友听您诉说苦闷，那么压抑的心境就可能得到缓解或减轻，失去平衡的心理可以恢复正常，并且得到来自朋友的情感支持和理解，获得新的思考，增强战胜困难的信心。

还可向自然环境转移，郊游、爬山、游泳或在无人处高声叫喊、痛骂等，也可积极参加各种活动，尤其是将自己的情感以艺术的手段表达出来。

3.重视家庭生活，营造一个温馨和谐的家

家庭可以说是整个生活的基础，温馨和谐的家是家庭成员快乐的源泉，事业成功的保证。在此环境下成长的孩子，也利于其人格的发展。如果夫妻不和、吵架，将会极大破坏家庭气氛，影响夫妻的感情及其心理健康，而且也会极大地影响孩子的心灵。可以说不和谐的家庭经常制造心灵的不安与污染，对孩子的教育很不利。

理想健康的家庭模式，应该是所有成员都能轻松表达意见，相互讨论和协商，共同处理问题，相互提供情感上的支持，团结一致应付困难。每个人都应注重建立维持一个健全的家庭。社会

可以说是个大家庭，一个人如果能很好地适应家庭中的人际关系，也可以很好地在社会中生存。

不较真、不迷乱，过自在生活

为人处世，认真可以，但不可较真。如果太过较真，就会错失好多机会，也可能伤害一些人。"水至清则无鱼，人至察则无徒"，太较真了，就好比戴着放大镜观察生活，肉眼看着很干净的东西，放大镜下看到的都是细菌，那样会给自己的生活带来无数烦恼。

做人做事，专注是基础，但不可迷乱。专注的力量很大，它能把一个人的潜力发挥到极致，一旦达到那种状态，所有的精力将会集中到一点，这是人们获得成功的根本条件。因此，我们对待生活和工作的时候，要静下心来，专心致志，不迷醉于外界的喧嚣，这样才会有所收获，才有可能获得成功。

1.做人很累，何必较真

有时候，生活就是说不清、道不明的，人生就是真真假假、是是非非的。如果你真要争个长短、对错，恐怕吃亏的是你。无论怎样，只要抱着一颗包容的心对待身边的人和事，我们就会过得快乐、开心。可是，在现实生活中，总有一些人喜欢与人较真，与人争个输赢，争个对错，结果给自己惹来了麻烦和祸害。因此，我们不必较真，这个世界本来就变幻不定，无从真实。不必和自己较真，人的精力是有限的；不必和他人较真，退一步海阔天空。

在意大利卡塔尼山的叙拉古郊外有一块墓碑，据考古学家推测，这可能是柏拉图为他的学生托比立的。碑上刻有碑文，大概的意思是这样的：托比从雅典去叙拉古游学，经过卡塔尼山时，发现了一只老虎。进城后，他说，卡塔尼山上有一只老虎。城里没有人相信他，因为从来就没人在卡塔尼山见过老虎。托比坚持说自己见到了老虎，并且是一只非常雄壮的虎。可是无论他怎么说，就是没人相信他。最后，托比只好说，那我带你们去看，如果见到了真正的虎，你们总该相信了吧？托比为了证实自己所言的真实性，就带领着人去了山上。这时，柏拉图的几个学生也跟着上山了。但是把整个山转遍了，连每一个角落也没放过，却连老虎的一根毫毛都没有发现。托比对天发誓，说他确实在这棵树下见到了一只老虎。跟去的人就说，你的眼睛肯定被魔鬼蒙住了，你还是不要说见到老虎了，不然城邦里的人会说，叙拉古来了一个不知天高地厚的谎言捏造者。托比很生气，他反问："我怎么会是一个撒谎的人呢？我真的见到了一只老虎。"

在接下来的日子里，较真的托比为了证明自己所言不虚，逢人便说他没有撒谎，他确实见到了老虎。可是说到最后，人们不仅见了他就躲，而且背后都叫他疯子。托比来叙拉古游学，本来是想成为一位有学问的人，现在却被认为是一个疯子和撒谎者。这实在让他不能忍受。他为了证明自己确实见到了老虎，在到达叙拉古的第10天，买了一支矛枪来到卡塔尼山，并扬言要找到那只老虎，并把那只老虎打死，带回叙拉古，让全城的人看看，他并没有说谎。可是，他这一去，就再也没有回来。

三天后，人们在山中发现一堆破碎的衣服和托比的一只脚。经城邦法官验证，他是被一只重量至少在500磅左右的老虎吃掉的。托比是没有撒谎，但是他为了跟人争个是非，结果把自己的性命也搭上了，这是多么可惜啊！如果他没有那么较真地向人们证明他是对的，或许就不会发生这种悲剧了。

在这个世界上，有很多事是无法预料的。我们只有遵守规律办事，才能避免悲剧的发生，无论是自然界的，还是人与人之间的交往，都是同样的道理。游戏人间也好，笑傲江湖也罢，何必较真，因为一切在历史的长河中都是过眼云烟，不值得为此破坏了自己的心情。不必凡事都要争个明白清楚，放下心中的那份固执，我们的生活或许会变得更加美好！

2.守一方净土，过自在人生

在每个人面前，选择很多，诱惑也很多，但成功不会藏在繁华的泡沫里，也不会躲在灯红酒绿的喧嚣中。请你静下心来，去做一件事！只有静心地做事，身体才能找到正确的位置。只有头脑静下来，才能安心地做事。

被誉为"昆虫界的荷马""昆虫界的维吉尔"的法国著名昆虫学家、动物行为学家、作家——法布尔，出生于法国南部普罗旺斯圣莱昂的一户农家。他的童年是在离该村不远的马拉瓦尔祖父母家中度过的，乡间的那些可爱的昆虫深深地吸引着他。

成年后，法布尔发表了《节腹泥蜂习性观察记》，这篇论文赢得了法兰西研究院的赞誉，他被授予实验生理学奖。这期间，法布尔还将精力投入到对天然染色剂茜草或茜素的研究中去，当时法国士兵军裤上的红色，便来自于茜草粉末。贫穷的他，长年靠着中学教员的薪水维持一家人的生计，同时他还节衣缩食，省下一点点钱来扩充设备。功夫不负有心人，经过多年的努力，他获得了三项研究专利，应公共教育部长维克多·杜卢伊的邀请，他还负责一个成人夜校的组织与教学工作，但其自由的授课方式引起了一些人的不满。于是，他辞去了工作，携全家在奥朗日定居下来，并且一住就是十余年。在这十余年里，法布尔完成了《昆虫记》的第一卷。

真菌是法布尔的兴趣之一，他曾以沃克吕兹的真菌为主题写下许多精彩的学术文章。他对块菰的研究也十分详尽，并细致入微地描述了它的香味，美食家们声称能从真正的块菰中品出他笔下描述的所有滋味。

后来，他用好不容易积攒下的一笔钱，在小镇附近购得一处荒地上的老旧民宅，并用当地的普罗旺斯语给这个处所取了个风趣的雅号"荒石园"，使这里成了一座花草争艳、百虫汇聚的乐园，他开始过上了远离喧嚣纷攘的田园生活。这是一块荒芜的地方，但却是昆虫的乐园，除了可供家人居住外，那里还有他的书房、工作室和试验场，能让他安静地集中精力思考，全身心地投入到各种观察与实验中去，可以说这是他一直以来梦寐以求的天地。就是在这儿，法布尔一边进行观察和实验，一边整理前半生研究昆虫的观察笔记、实验记录和科学札记，完成了《昆虫记》的后九卷。

40多年里，法布尔深入到昆虫的生活之中，用田野实验的方法研究昆虫的本能、习性、劳动、交配、生育、死亡。蜘蛛、蜜蜂、螳螂、蝎子、蝉、甲虫、蟋蟀等皆成了他笔下的小精灵。他一边行走于生物世界，过着自由自在的生活，一边锲而不舍地观察和研究大自然的昆虫，直到生命的最后时刻。如今，这片土地已经成为博物馆，静静地坐落在有着浓郁普罗旺斯风情的植物园中。

生活的喧嚣很容易让我们疲惫，也许品一杯淡茶，可以换回片刻的轻松；也许欣然接受生活的变化，固守自己心中那一片净土，可以体会到怡然自得的妙趣。

善待他人就是善待自己

要培植信任人的健康情绪，你一定得逐渐消除对别人玩世不恭的怀疑，减少发火的次数和强度，进而学会善待他人，体贴他人。

故意和愤怒是人的致命心态，它们不仅是强化诱发心脏病的致病因素，而且增加其他病并发的可能性——发怒是典型的慢性自杀。如果你的心绪欠宽容，那么学会抑制愤怒应视为当务之急。

不友好后面的推动力是对别人的怀疑，倘若料定别人不信任自己，我们是会失望的。疑心引起愤怒并导致以侵犯相报复。

与此同时，这种不友好的怀疑心理会引起体内肾上腺素和其他的紧张素加速分泌；随着内分泌变化，其嗓音会提高八度，呼吸会加快而且粗重起来；心脏跳得更快更吃力，手足的肌肉绷得紧紧的。这种状态让人觉得"箭在弦上，不得不发"了。

假如你连续出现这种情绪，那么你的"愤怒商"就未免太高了，它有可能演变为严重的健康麻烦。可怕的是，不友好的心态很容易使你发怒。即使是初次见面的人，你也可能迸发怒火，这种恼怒或表现为愠怒，或表现为面红耳赤、吹胡子瞪眼。

能否有效地抑制不友好的情绪，从而使自己更信赖他人呢？这主要在于自己的修养和来自亲人及朋友的帮助、劝慰。

试验表明，在行为方式有改善的人中，死亡率和心脏病复发率均大大降低。其次，少发脾气还有助于防止心脏病的发生。

要培植信任人的健康情绪，你一定得逐渐消除对别人玩世不恭的怀疑，减少发火的次数和强度，进而学会善待他人、体贴他人。

走自己的路，让别人说去吧

不管哪一种，枷锁都会加重你的负担，使你步履艰难甚至压得你喘不过气来。只有把它们卸下来，才能一身轻松地去奋斗，向着你的目标甩开步子，勇往直前。

你的头脑被什么限制了呢？是什么使我们没有勇气去打破已有的格局？有以下几种原因：

1."别人会怎样想"的枷锁

面对失败，"别人将会有什么看法呢？"这的确是一种最普遍而且最具自我毁灭性的心理状态。这种以"别人"为念的想法是一种强而有力的枷锁，它会伤害你的创造力和人格，把你原有的能力破坏殆尽，使你停滞不前。为摆脱这种"别人"式的枷锁，你不妨想一想，"别人"并不是"先知先觉"，他们往往是"事后诸葛亮"。你应该记住：走自己的路，让别人去说吧！

2. "注定会失败"的枷锁

一旦失败，便将自己初始的动机统统地扼杀。他们不断重复着说："早知如此，何必当初！"他们因此把自己看得渺小，无法真正透彻地看清自己。要知道，世上绝没有后悔药。为了摆脱"注定会失败"的枷锁，你需要改变思想，转换"脑筋"，因为思想本身会左右事情的发展。你不妨跟自己闲谈，保持积极的态度。切莫在不经意中将自己的创新意识抛弃，因为它是你最珍贵的东西。想着"我将要成功"而不是会失败；"我是一个胜利者"而非"一位失败者"；寻找助你成功的方法。你会发现你能左右自己的心情，同样能左右自己的行动。

3. "已为时太晚"的枷锁

许多失败者相信太晚了，自己已无法挽回，无法再创业了，因此对未来完全妥协，尽量逆来顺受地熬日子。这种"已为时太晚"的枷锁困住了各式各样的人物：一个30岁的青年做生意亏了本就认为无法东山再起；一个40岁的寡妇就自认为太老而无法再婚；一位10年前没有扩大投资的厂长要想重新开始投资就认为时过境迁。为了戒除这种"为时太晚"的枷锁，你可以多观察那群在社会生活中的活跃人物，而不去理会"年龄的限制"，并下定决心，不断奋斗，所谓"春蚕到死丝方尽，蜡炬成灰泪始干"，成功与年龄无关，重新开始永远为时不晚。

4."过去错误"的枷锁

许多人都害怕再次尝试，因为他们曾经失败过，而且受创很深，正所谓"一朝被蛇咬，十年怕井绳"。但是，对每一位有志之士来说，他都必须对过去所犯的错误保持正确的哲学观，从而再求突破，再创佳绩。如果你能将自己的失败看成是很有价值的教育投资的话，那就一点也没损失了。因此，你完全不必把"过去的错误"看得太重。其实那根本不能算作失败，只能算是受教育，它能教会你许多事情，使你更加成熟。

放开手，你将拥有整个世界

我们放下肩上的包袱很容易，因为放下就会感觉到全身轻松。难就难在我们怎样放下心灵的包袱。

在生命的长河中，谁也不会是一帆风顺的。如一位泰国企业家玩腻了股票，就转而炒房地产，他把自己所有的积蓄都投了进去，在曼谷市郊盖了15栋配有高尔夫球场的豪华别墅。但时运不济，他的别墅刚刚盖好，亚洲金融风暴就爆发了，他的别墅卖不出去，贷款还不起，这位企业家只能眼睁睁地看着别墅被银行没收，连自己住的房子也被拿去抵押，还欠了很多的债务。

这位企业家的情绪一时低落到了极点，他怎么也没想到对做生意一向轻车熟路的自己会陷入这种困境。

让人敬佩的是，他并没有因此而消极，他决定重新白手起家。他的太太是做三明治的能手，她建议丈夫去街上叫卖三明治，企业家经过一番思索答应了。从此曼谷街头就多了一个头戴小白帽、胸前挂着售货箱的小贩。

昔日亿万富翁沿街卖三明治的消息不胫而走，买三明治的人骤然增多，有的顾客出于好奇，有的出于同情。许多人吃了这位企业家的三明治后，为这种三明治的独特口味所吸引，经常买企业家的三明治，回头客不断增多。现在这位泰国企业家的三明治生意越做越大，他慢慢地走出了人生的低谷。

他叫施利华，几年来，他以自己不屈的奋斗精神赢得了人们的尊重。在1998年泰国《民族报》评选的"泰国十大杰出企业家"中他名列榜首。作为一个创造过非凡业绩的企业家，施利华曾经备受人们关注，在他事业的鼎盛期，不要说自己亲自上街叫卖，寻常人想见一见他，恐怕也得反复预约。上街卖三明治不是一件怎样惊天动地的大事，但对于习惯了发号施令的施利华，无疑需要极大的勇气。

人的一生会碰上许多挡路的石头，这些石头有的是别人放的，比如金融危机、贫穷、灾祸、失业，它们成为石头并不以你的意志为转移；有些是自己放的，比如名誉、面子、地位、身份等，它们完全取决于一个人的心态。

甩掉心灵的包袱，是一种智慧的取舍。有时候，我们明知不可为而为之，这种勇气固然值得推崇，殊不知，知难而退有时也是一种明智的壮举、一种洒脱的情怀。因为放开手，你将拥有整个世界。

掸尽尘埃，美景浮现

如果我们给自己一面心灵的旗帜，保持一种健康向上的心态，即使我们身处逆境，四面楚歌，也一定能看到未来的美景。

有两个重病人同住在一家大医院的小病房里。房子很小，只有一扇窗子可以看见外面的世界。其中一个病人的床靠着窗，他每天下午可以在床上坐一个小时。另外一个人则终日都得躺在床上。

靠窗的病人每次坐起来的时候，都会描绘窗外的景致给另一个人听。从窗口可以看到公园的湖，湖内有鸭子和天鹅；孩子们在那儿撒面包屑、放模型船；年轻的恋人在树下携手散步；在鲜花盛开，绿草如茵的地方人们玩球嬉戏；后头一排树顶上则是美丽的天空。

另一个人倾听着，享受着每一分钟。他听见一个孩子差点跌到湖里，一个美丽的女孩穿着漂亮的夏装……朋友的诉说几乎使他感觉到自己亲眼目睹了外面发生的一切。

在一个天气晴朗的午后，他心想：为什么睡在窗边的人可以独享外头的权利呢？为什么我没有这样的机会？他觉得不是滋味，他越是这么想，就越想换位子。他一定得换才行！这天夜里，他盯着天花板想着自己的心事，另一个人忽然惊醒了，拼命地咳嗽，一直想用手按铃叫护士进来。但这个人只是旁观而没有帮忙——他感到同伴的呼吸渐渐停止了。第二天早上，护士来时那人已经死了，他的尸体被静静地抬走了。

过了一段时间，这人开口问，他是否能换到靠窗户的那张床上。他们搬动他，将他换到了那张床上，他感觉很满意。人们走后，他用肘撑起自己，吃力地往窗外望——窗外只有一堵空白的墙。

如果自己心存善意，在晚上按铃帮助另一个人，他还可以听到美妙的窗外故事。可是现在一切都晚了，他看到的是什么呢？不仅是自己心灵的丑恶，还有窗外一无所绘的白墙。几天之后，他在自责和忧郁中死去。

一个人只有心存美的意象，才能看到窗外的美景。命运对每一个人都是公平的，窗外有土也有星，就看你能不能磨砺一颗坚强的心、一双智慧的眼，透过岁月的风尘寻觅到辉煌灿烂的星星。

英国诗人威廉·费德说过："舒畅的心情是自己给予的，不要天真地去奢望别人的赏赐。舒畅的心情是自己创造的，不要可怜地乞求别人的施舍。"

南宋僧人也曾作一偈："身是菩提树，心如明镜台。时时勤拂拭，勿使惹尘埃。"心如明镜，纤毫毕现，洞若观火，那身无疑就是"菩提"了。但前提是"时时勤拂拭"，否则，尘埃厚厚，似茧封裹，心定不会澄碧，眼定不会明亮了。

一个人，在尘世间走得太久了，心灵无可避免地会沾染上尘埃，使原来洁净的心灵受到污染和蒙蔽。心理学家曾说过："人是最会制造垃圾污染自己的动物之一。"的确，清洁工每天早上都要清理人们制造的成堆的垃圾，这些有形的垃圾容易清理，而人们内心中诸如烦恼、欲望、忧愁、痛苦等无形的垃圾却不那么容易处理了。因为，这些真正的垃圾常被人们忽视，或者，出于种种的担心与阻碍不愿去扫。譬如，太忙、太累；或者担心扫完之后，必须面对一个未知的开始，而你又不能确定哪些是你想要的。万一现在丢掉的，将来想要时却又捡不回来，怎么办？

的确，清扫心灵不像日常生活中扫地那样简单，它充满着心灵的挣扎与奋斗。不过，你可以告诉自己：每天扫一点，每一次的清扫，并不表示这就是最后一次。而且，没有人规定你一次必须扫完。但你至少要经常清扫，及时丢弃或扫掉拖累你心灵的东西。

每个人都有扫心地的任务，对于这一点，古代的圣者先贤看得很清楚。圣者认为，"无欲之谓圣，寡欲之谓贤，多欲之谓凡，得欲之谓狂"。圣人之所以为圣人，就在于他心灵的纯净和一尘不染；凡人之所以是凡人，就在于他心中的杂念太多，而他自己还蒙昧不知。所以，圣人了悟生死，看透名利，继而清除心中的杂质，让自己纯净的心灵重新显现。

我们都有清理打扫房间的体会吧，每当整理完自己最爱的书籍、资料、照片、唱片、影碟、画册、衣物后，你会发现：房间原来这么大，这么清亮明朗！自己的家更可爱了！

其实，心灵的房间也是如此，如果不把污染心灵的废物一块块清除，势必会造成心灵垃圾成堆，而原来纯净无污染的内心世界，亦将变成满池污水，让你变得更贪婪、更腐朽、更不可救药。

人的一生，就像一趟旅行，沿途中有数不尽的坎坷泥泞，但也有看不完的春花秋月。如果我们的一颗心总是被灰暗的风尘所覆盖，干涸了心泉、黯淡了目光、失去了生机、丧失了斗志，我们的人生轨迹岂能美好？

非宁静无以致远

作为家庭主人的你，每天都在尽最大努力去避免家庭所面临的各种污染，如空气污染、噪声污染、光源污染等。这时不知你是否忽视了另一种新的污染，你的坏情绪，就是一种情绪污染。

情绪是客观事物作用于人的感官而引起的一种心理体验。无论喜、怒、思、悲、惊，都有其原因和对象。幽静的环境、清新的空气、高尚的品德、物质的丰富、文化的繁荣，都能引起人们愉快、轻松的良好情绪；而环境脏乱、虚伪庸俗、文化枯萎等，则可能导致人们厌烦、压抑、忧伤、愤怒的消极情绪。情绪具有两重性：一是两极性，如快乐和悲哀、热爱和憎恨、轻松和紧张、激动和平静等；二是暗示感染性的大小，往往由人们地位和作用的不同而不同。

现代心理学告诉人们，人的情绪有两个关键时间：早晨就餐前和晚上就寝前。在这两个关键时间里，每一个家庭成员都要尽量保持良好的心境，稳定自身情绪，尽量不要破坏家庭的祥和气氛，避免引起情绪污染。假如在一天的开始，家庭某一个成员情绪很好或者情绪很坏，其他成员就会受到感染，产生相应的情绪反应，于是就形成了愉快、轻松或者沉闷、压抑的家庭氛围。

任何人都会有情绪低落的时候，每当这时，一是要有点忍耐和克制精神；二是要学会情绪转移。把不良情绪带回家，将心中怨气发泄在家人身上，为一些小事耿耿于怀……诸如此类，都会影响他人情绪，造成家庭情绪污染。

其实，我们的心灵也同样需要一片宁静的天空，那么就让我们的情绪在宁静的天空下，得到平复与安宁。

西方有位哲人在总结自己一生时说过这样的话："在我整整75年的生命中，我没有过四个星期真正的安宁。这一生只是一块必须时常推上去又不断滚下来的崖石。"所以，追求宁静对许多人来说成了一个梦想。由此看来，宁静并不是每个人都能享受的。

可是，现实生活中也不乏许多人害怕宁静，时时借热闹来躲避宁静，麻痹自己。滚滚红尘中，已经很少有人能够固守一方独享一份宁静了，更多的人脚步匆匆，奔向人声鼎沸的地方。殊不知，热闹之后却更加寂寞。我辈之人，如能在热闹中独饮那杯寂寞的清茶，也不失为人生的另类选择与生存。

宁静是一种难得的感觉。只有在拥有宁静时，你才能静下心来悉心梳理自己烦乱的思绪；只有在拥有宁静时，你才能让自己成熟。

宁静是一种感受，是心灵的避难所，会给你足够的时间去舔舐伤口，重新以明朗的笑容直面人生。

懂得了宁静，便能从容地面对阳光，将自己化作一盏清茗，在轻啜深酌中渐渐明白，不是所有的生长都能成熟，不是所有的欢歌都是幸福，不是所有的故事都会真实。有时，平淡是穿越灿烂而抵达美丽的一种高度、一种境界。当宁静来临时，轻轻合上门窗，隔去外面喧嚣的世界，默默独坐在灯下，平静地等待身体与心灵的一致，让自己从悲欢交集中净化思想。这样，被一度驱远的宁静会重新得到回归。你静静地用自己的理解去解读人世间风起云涌的内容，思考人生历程中的痛苦和欢悦。你不再出入上流社会，也就不再对那些达官显贵们摧眉折腰。人们不再追逐你，不再关注你，你也因此而少了流言的中伤。当你能真切地感受到人生的丰富与美好、生命的宏伟和阔大，让身心平直地立在生活的急流中，不因贪图而倾斜，不因喜乐而忘形，不因危难而逃避，你就读懂了宁静，理解了宁静。于是，宁静成了一首诗，成了一道风景，成了一曲美妙的音乐。

宁静成了享受。这是宁静的净化，它让人感动，让人真实又美丽。

宁静是一种心境，氤氲出一种清幽与秀逸，冉冉上升的思绪逃离了城市的喧嚣，营造出一种自得和孤高，去获得心灵的愉悦，获得理性的沉思，与潜藏灵魂深层的思想交流，找到某种攀升的信念，去换取内心的宁静、博大致远的菩提梵境。

宁静如水，让它拂拭我们蒙尘的心灵，让它涤荡掉我们身上的浮躁、空虚和沮丧，然后叩问自己的灵魂，才能看清梦里的花朵以最美的形式在生活中绽放，听到远方鸟语的天籁之音……

宁静是福，真正生活在喧嚣吵闹的都市中的人们，可能更懂得平静的弥足珍贵。与平静的生活相比，追逐名利的生活是多么不值得一提。平静的生活是在真理的海洋中，在急流波涛之下，不受风暴的侵扰，保持永恒的安宁。

人人向往宁静，然而，生活的海洋里因为有名誉、金钱、房子等在兴风作浪而难以宁静。许多人整日被自己的欲望所驱使，好像胸中燃烧着熊熊烈火一样。一旦受到挫折，一旦得不到满足，便好似掉入寒冷的冰窖中一般。生命如此大喜大悲，哪里有平静可言？人们因为毫无节制的狂热而骚动不安，因为不加控制的欲望而浮沉波动。只有明智之人，才能够控制和引导自己的思想与行为，才能够控制心灵所经历的风风雨雨。

是的，环境影响心态。人类快节奏的生活、无节制的对环境的污染和破坏，以及令人难以承受的噪声等都让人难以平静，环境的搅拌机随时都在把人们心中的平静撕个粉碎，让人遭受浮躁、烦恼之苦。然而，生命本身是宁静的，只有内心不为外物所惑，不为环境所扰，才能做到像陶渊明那样身在闹市而无车马之喧，即所谓"心远地自偏"。

宁静是一种心态，是生命盛开的鲜花，是灵魂成熟的果实。宁静在心，在于修身养性。只要有一颗宁静之心，追求宁静者，便能心胸开阔，不为诱惑所动，坦荡自然。

宁静和智慧一样宝贵，其价值胜于黄金。真正的宁静是心理的平衡，是心灵的安静，是稳定的情绪。

第三辑
原谅不完美

　　"金无足赤，人无完人。"要学会接受不完美的自己，看得惯残破，是历练，是豁达，是成熟，更是一种人生的境界。只有如此，我们才能学会去爱、去接纳、去珍爱生命，获得丰富的人生。

世间没有"完美"可言

一个硬币有正反两面，一个人也有优缺点，没有谁能够成为完美的人，因此我们不要用人生短暂的光阴去盲目追求完美。

事实上，我们要想实现完美，就好像大海捞针，最后只会徒劳无功。

勇敢的人往往缺少智慧；聪明的人往往缺少勇气；豪爽的人往往心思过疏；谨慎的人往往怀疑过头……一种阳光性格的另一面必然是阴影，我们又怎么能达到完美呢？

我们不能要求达到生活的完美，只能要求生活尽量完美。生活本身应该有些风浪，风浪正是我们出航的助力。如果我们生活在一帆风顺中，我们不会增长自己的才干，同时也很难体验生活的乐趣。

有一个人从来没有出过海，他的朋友约他一起前往。他有点犹豫，害怕翻船。朋友好说歹说地规劝他："如果你总是这么杞人忧天，还不如从一出生就躺在床上，这样什么危险也没有了。"这个人经不住朋友的劝告，于是两人一同前往。

刚开始时，大海风平浪静，两人觉得心旷神怡。没过多久，风浪就来了，船有些摇摇晃晃，那个人有些紧张，朋友告诉他说没什么可担心的，这是常有的事情。这个人情绪有些舒缓。果然，没过多长时间，风浪就平息下来了。等他们回到家的时候，那个人对朋友说："虽然有点惊险，但是还真有趣。"朋友呵呵一笑。

我们的生活何尝不是这样？当我们年轻的时候，我们畏惧这个风险，担心那个风险。当时就有过来人告诉我们说，一切顺其自然。事实证明，我们担忧的90%的事情都没有发生。我们回过头去看那段生活的时候，发现经历了这样的日子，生活才变得丰富起来，连痛苦的经历都成了美好的回忆。

生活就是这样，不可能完美，不可能一帆风顺，我们也没有必要追求完美，追求一帆风顺。我们要追求的是适应和驾驭生活的能力，就像我们在大海上，要做的是适应和驾驭那条摇摇晃晃的船。我们没有办法祈求上天给我们一个完美的生活，我们应该依靠的是自己。

我们不要求达到事业的完美。追求事业的完美容易陷入空谈，因为事业的成功关键因素在于你的资源和你的事业是否匹配。没有资源，一切都是枉然，只能陷入空谈。因此我们发展自己的事业，不要想着一开始就做大事。事实上，事业的起步往往是从小事情做起的。如果一个人觉得小事情琐碎，不屑于去做，那么他也不大可能做大事情。任何庞大的机器都是由一个个部件组成，这些部件的运转如何直接决定了机器的运转。大事情也是由一堆小事情有机组合而成，因此做好小事情，就成为成功运转大事情的基础。

一位才思敏捷的牧师对公众做了一场精彩的演讲，最后他以肯定自我价值作为结尾，强调每个人都是上帝眷顾的宝贝，每个人都是从天而降的天使。活在这个世上，每个人都要用好上帝给予的独特恩赐，去发挥自己最大的能力。

听众当中有个人不服牧师的说法，站起身来，指着令自己不满意的扁塌鼻子，说道："如果像你所说，人是从天而降的天使，请问有哪个完美的天使长着塌鼻子呢？"

另一个嫌自己腿短的女子也起身表示同样的意见，认为自己的短腿不是上帝完美的创造。

牧师轻松而自信地回答："上帝的创造是完美的，而你们二人也确实是从天而降的天使，只不过……"

他指了指那名塌鼻子的男子，说："你降到地上时，让鼻子先着地罢了。"

牧师又指着那嫌自己腿短的女子，说："而你，虽是脚先着地，却在从天而降的过程中，忘了打开降落伞。"

俗话说："金无足赤，人无完人。"上述故事正是说明这个道理。人生确实有许多不完美之处，每个人都会有这样那样的缺憾，真正完美的人在生活中是不存在的，即使是中国古代的四大美女，也有各自的不足之处。据历史资料记载，西施的脚大，王昭君双肩仄削，貂蝉的耳垂太小，杨贵妃还患有狐臭。道理虽然浅显，可当我们真正面对自己的缺陷、生活中不尽人意之处时，却又总感到懊恼、烦躁。

其实，完美的标准是相对而言的，因人的审美观不同而不同，今天以肥为美，明天就可能以瘦为美。古人以脚小为美，如果今天有"三寸金莲"走在大街上，路人肯定会笑掉大牙。

追求完美没有错，可怕的是追而不得后的自卑与堕落。即使缺陷再大的人也有其闪光点，正如再完美的人也有缺陷一样。能够充分发挥自己的长处，照样可以赢得精彩人生。正如清朝诗人顾嗣协所说："骏马能历险，犁田不如牛；坚车能载重，渡河不如舟。舍长以就短，智者难为谋；生才贵适用，慎勿多苛求。"

勤能补拙，先天的不足同样可以用后天的努力来弥补。孙膑因被刖足而作《孙膑兵法》，司马迁因受宫刑而作《史记》。王羲之从小口吃，为了弥补这个缺陷，他发愤练字，终于书法冠绝古今，成为一代"书圣"。

缺陷并不可怕，完美也没有必要。面对不足，采取泰然处之、宽容的态度，生活中便会少一份烦恼，多一片笑声。

但丁曾说，尽心就意味着完美。在做任何一件事情时，只要我们抱着"没有最好，只有更好"的态度，用心去做事就可以了。对于那些缺憾，我们只要把它当作教训，引以为戒，并以此来激发下一步的行动，完全不必把它过于放在心上。

最不满意你的人其实就是你自己

菲律宾外长罗慕洛由于身材矮小，一直自惭形秽，为了不被别人歧视，他经常穿高跟鞋走路。但是他毕竟只有一米六左右的身高，穿上高跟鞋又能有多高？这样做的结果，只能是引来更多人的嘲笑。

人的相貌都是天生的，既然没有机会去选择，洒脱一点岂不更好？终于有一天，罗慕洛意外得知自己的身高超过拿破仑，之前对于身高的烦恼全都消失了。他开始勇敢地面对现实，脱下高跟鞋，发誓永不再穿了。

当罗慕洛不再计较自己的身高之后，便把全部精力用在了工作上，最终取得了令人瞩目的成就，成为著名的政治活动家、联合国的发起人之一。

当有人问他为什么不再为身高生气时，罗慕洛坦率地说："如果我长得高大英俊，那我讲出的话不管多有水平，人们都会认为是理所当然的。但是我现在其貌不扬，别人很容易认为我没有什么水平，这时候我再讲出有水平的话，别人就会大感意外，对我刮目相看了。"

白皙的肌肤、清秀的容颜、丰腴的胸部、优雅的表情、匀称的身材加上残缺的双臂，这就是希腊神话中爱与美之神——维纳斯。维纳斯的雕像是一件不寻常的杰作，在古代西方艺术史上占有重要的地位。它之所以能有如此巨大的魅力，就是因为那残缺的双臂，给人留下了充分的想象空间，彰显出一种神秘感，透出摄人心魄的缺憾美。

生活中，人人都有缺陷，事事都不完美。如果做人做事都追求完美，就无异于自寻烦恼、自讨苦吃。

有这样一个笑话，说的是一个男人来到一家婚姻介绍所找对象。进门后，男人看见面前有两扇小门，一扇上写着"美丽的"，另一扇上写着"不太美丽的"；男人推开"美丽"的门，面前又是两扇门，一扇上写着"年轻的"，另一扇上写着"不太年轻的"；男人推开了"年轻"的门，面前又有两扇门，一扇上是"聪明的"，一扇上是"不太聪明的"……就这样一路走下去，男人先后推开了8道门。当他来到最后一道门前时，门上只写着一行字：您喜欢的女人过于完美了，还是到天上去找吧。

这个笑话说明一个道理：世界上没有十全十美的人，也没有绝对完美的事。因此，我们不要过分追求完美，尤其是对于自身的相貌。

有个樵夫在山上砍柴时，捡到了一块很大很漂亮的玉，他非常喜欢。但是，让樵夫觉得可惜的是，这块玉上面有一些小瑕疵。樵夫心想，如果能把这些小瑕疵去掉的话，这块玉就完美无瑕了，到时候就会非常值钱了。于是，他把玉敲掉了一个小角，但是瑕疵仍在；再去掉一角，瑕疵依然有……最后，瑕疵是被去掉了，但玉也被敲得支离破碎了。

爱美是人的一种天性，人也正是在这种爱美之心的驱使下，不断完善自己，使镜子中的那个人看起来越来越好。但凡事都要适度，对长相上的缺陷耿耿于怀或者暗自生气，就大可不必了。要知道，完美只是一句极具诱惑力的口号，是一个漂亮的陷阱。

似水流年是诗意不要哭泣

树有树轮，人有人龄。万物苍生，都有它发生、发展和死亡的过程。年龄对我们每一个人来说，都熟悉得不能再熟悉了。谁能没有年龄呢？可是，又有谁真正地考虑过年龄这个问题？

　　小孩常会问爸爸妈妈："我什么时候才能长大？"在孩子的眼中，长大意味着可以自己决定去什么地方玩，穿什么衣服，自己决定干什么或不干什么。长大，在他们眼里意味着自由与独立；在少男少女的眼中，年龄意味着美丽，意味着激情与活力；在青年的眼中，年龄意味着成熟，意味着权利，是一切可以骄傲的资本的根源；在中年人眼中，年龄意味着不断失去的过去，意味着负担、压力，意味着责任与义务；在老年人眼中，年龄意味着美好的过去和叵测的未来，意味着生与死交换的界限。

　　在年龄面前，人是无能为力的，因为它既不会因为孩子的祈求而加快脚步，也不会因为老人的感慨而放慢脚步。它平等地对待每一个人，无论是总统，是科学家还是罪犯，它就像一个忠诚的仆人，一丝不苟地记录着你所走过的每一分、每一秒，一旦走过，再好的化妆品也无法掩盖岁月写在脸上的沧桑，再注重保养的肌体也无法避免衰弱的命运。

　　年龄，人们之所以在乎它，是因为人们在乎它背后的生命，在乎它带给人的心理的舒适与满足。

　　老人的生命必然是在走向衰退，这种衰退是人所难以接受的，所以，他们希望忘记自己的年龄；青年的生命正是辉煌的时候，所以，他们希望留驻年龄；儿童的生命正在走向希望，这种希望给人力量，所以他们渴望增长自己的年龄。

　　任何事物的存在都有一个过程，事物与事物之间本身就存在先后、大小的问题。年龄大的在年龄小的之前出现，这似乎是再明白不过的道理了。

所以，年龄在很大程度上，也意味着一种资本。年龄大的人一般会有更多的经历，也就有了较深的阅历，这本无可厚非，但也给人一种错觉，觉得年龄大的人懂得的当然要多些，处理事情要妥当些。有些所谓"大人"就据此倚老卖老，摆老资格："你小小年纪，懂什么？"好像年龄大就有资格、有条件去教训别人一样。年龄成了一个人的权力、权威、威严的象征，成了可以随意教训人的唯一资本。

在我们这个以尊重老人为美德的国度里，传统道德潜移默化地影响着人们。在老人面前，我们习惯于恭恭敬敬，习惯于唯命是从，于是，年轻人在年纪大的人面前、在权威面前唯唯诺诺，不敢大声，不敢思想。顺着年纪大的人的思想向下走，失去了一个年轻人应有的激情与活力，失去青年时代最宝贵的东西——激情的创造。

年轻人做错事，尤其没有按上一辈意思去做的时候，经常会被骂"不听老人言，吃亏在眼前"。年轻人好像注定是老年人的出气筒。

小孩子总想着长大，因为长者总是说，"我吃过的盐比你吃过的饭都多，过的桥比你走过的路还要多"。青年容易把年龄和青春容貌画等号；中年人为即将来临的衰老而内心发毛；老人却想着能有朝一日"返老还童"，再活他一朝。

"长江后浪推前浪，世上新人换旧人"。老的终将逝去，小的也会变老。

年龄犹如四季。不能春光永驻是一种遗憾，可是倘若永远生活在春天里，没有机会品味夏日的茂盛、秋色的灿烂、冬雪的绮丽，也会是一种遗憾。

有这样一个寓言。未来的一天，地球人的代表来到太空，他向太空酋长提出抗议："地球人的寿命实在太短暂了，我们要求长生不老。"无奈之下，太空酋长带他到天鹅星上，指给他看地上密密麻麻的白毛般的生物，告诉他："这些生物已经存在了两万年了，他们的文明高度发展，他们的人口密度也远超过极限，但这些贪婪的生物想永远占有自己所得到的一切，他们都不愿意死去，我就把长生不老的秘方给了他们，这样，他们再也不会死掉，但他们活得更痛苦，没有死亡也就没有了希望，他们又怀念有死亡存在的日子，但他们已不可能死去，连自杀也不可能。你看，他们正在强烈恳求我赐予死亡呢。"地球人看罢，心生恐惧，便匆匆回去复命了。因此，人类依然有年龄，有生老病死。

同样的年龄，有的人要比实际年龄苍老许多，有的人却要比实际年龄年轻许多。一张苍老的脸上，写满了逝去的流金岁月和历经的人世沧桑；一张光洁的脸上，感悟到的是生活，是梦想。年轻是梦，年老是回忆。

我们无法抗拒容颜的衰老，却可以抗拒心灵的衰老，活出自己，保持着一颗永不衰老的心。

踢开绊脚石，做自己命运的主宰

每个人都有自己做人的原则，都有自己为人处世之道，都有自己的生活方式。生活中不必太在意别人的看法，更不能为了别人的一席话而改变自己为人的原则。

一个老头带着儿子牵着驴去赶集，驴驮着一袋粮食。他们刚出门不远，道边便有人对老头说："你真傻，为什么不骑着驴呢？"于是，老头便骑上了驴。可走不多远，又听到道边有人对他说："这老头心真狠，他自己骑着驴，让儿子走着。"老头听后，赶紧从驴上下来，让儿子骑了上去。

可又走没多远，又有人对他们说："这个孩子真不懂事，自己骑驴，让老人走着。"

于是，两人干脆都骑到驴上。没走到集上，又有人对他们说："这两人心真坏，让驴驮着东西，人还骑上去。"

老头不得不又从驴上下来，连驴驮的粮食他也自己背上了。

故事到这儿肯定还没完，说不定过一会儿又有人笑他们傻，放着驴不用，人却背着粮食，再过一会儿还会有人说他们傻，放着驴不骑……总之，人没有主见，永远也不得安宁。

无独有偶，还有这样一个故事：

从前，有一位画家想画出一幅人人见了都喜欢的画。画毕，他拿到市场上去展出。画旁放了一支笔，并附上说明：每一位观赏者，如果认为此画有欠佳之笔，均可在画中做记号。

晚上，画家取回了画，发现整个画面都涂满了记号——没有一笔一画不被指责。画家十分不快，对这次尝试深感失望。

画家决定换一种方法去试试。他又临摹了同样的画拿到市场展出。可这一次，他要求每位观赏者将其最为欣赏的妙笔都标上记号。当画家再取回画时，他发现画面又涂遍了记号——一切曾被指责的笔画，如今却都换上赞美的标记。

"哦！"画家不无感慨地说道，"我现在发现一个奥妙，那就是我们不管干什么，只要使一部分人满意就够了。因为，在有些人看来是丑恶的东西，在另一些人眼里恰恰是美好的。"

所谓众口难调，一味听信于人者，便丧失自己，便会做任何事都患得患失、诚惶诚恐。这种人一辈子也成不了大事。他们整天活在别人的阴影里，太在乎上司的态度，太在乎老板的眼神，太在乎周围人对自己的看法。这样的人生，还有什么意义可言呢？

人各有各的原则，各有各的脾气性格。有的人活跃，有的人沉稳，有的人热爱交际，有的人喜欢独处。不论什么样的人生，只要自己感到幸福，又不妨碍他人，那就足矣。不要压抑自己的天性，失去自己做人的原则。只要活出自信，活出自己的风格，就让别人去说好了。正像但丁说的那样："走自己的路，让人们去说吧！"

从现在起，做自己的主人，不要让别人来控制你。达尔文当年决定弃医从文时，遭到父亲的严厉斥责，说他是不务正业，整天只知道打猎捉耗子。他在自传上写着："所有的老师和长辈都说我资质平庸，我与聪明是沾不上边的。"而就是这样一个不务正业、与聪明不沾边的人，却成了生物进化论的发现者。

我们应该做命运的主人，不能任由命运摆布自己。当我们面对生活中不可避免的挫折、困难、病痛时，如果被打败，让这些生活的绊脚石主宰了自己，整天专注于病痛的折磨上，那便是丧失了自我。强者是能够战胜病痛的，是不会向命运屈服的。像达·芬奇、莫扎特、梵高等，都是我们的榜样。他们生前都没有受到命运的公平待遇，但他们没有屈服于命运，没有向命运低头。他们向命运发出了挑战，最终战胜了它，成了自己的主人，成了命运的主宰者。

挪威大剧作家易卜生有句名言："人的第一天职是什么？答案很简单：做自己。"是的，做人首先要做自己，首先要认清自己，把握自己的命运，实现自己的人生价值。只有这样，才真正算是自己的主人。

人生圆满会停止前进的脚步

谢尔·西尔弗斯坦在《丢失的那块儿》里讲过这样一个故事：一个圆环被切掉了一块，圆环想使自己重新完整起来，于是就到处去寻找丢失的那块儿。可是由于它不完整，因此滚得很慢，它欣赏路边的花儿，它与虫儿聊天，它享受阳光。它发现了许多不同的小块儿，可没有一块适合它。于是它继续寻找着。

终于有一天，圆环找到了非常适合的小块，它高兴极了，将那小块装上，然后就滚了起来，它终于成为完美的圆环了。它能够滚得很快，以致无暇欣赏花儿或和虫儿聊天。当它发现飞快地滚动使得它的世界再也不像以前那样美好时，它停住了，把那一小块又放回到路边，缓慢地向前滚去。

人生确有许多不完美之处，每个人都会有或这或那的缺陷。其实，没有缺憾，我们便无法去衡量完美。仔细想想，缺憾其实不也是一种完美吗？

人生就是充满缺陷的旅程。从哲学的意义上讲，人类永远不满足自己的思维、自己的生存环境、自己的生活水准，这就决定了人类不断创造、追求，从简单的发明到航天飞机，从简单的词汇到庞大的思想体系。没有缺陷，产品便不会一代代更新。没有缺陷就意味着圆满，绝对的圆满便意味着没有希望，没有追求，便意味着停滞不前。人生圆满，人生便停止了追求的脚步。

生活也不可能完美无缺，也正因为有了残缺，我们才有梦，才有希望。当我们为梦想和希望而付出努力时，我们就已经拥有了一个完整的自我。生活不是一场必须拿满分的考试，生活更像一个足球赛季，最好的队也可能会输掉其中的几场比赛，而最差的队也有自己闪亮的时刻。我们的所有努力就是为了赢得更多的比赛。当我们能继续在比赛中前进并珍惜每场比赛时，我们就赢得了自己的完整。

童年时，我们都玩过积木。积木在不同的孩子手中，可以搭出不同的造型，可以说是千姿百态、千变万化。但不管怎样去搭积木，总是有缺陷，设计好一种造型后，觉得不完善，于是又重新去搭，结果，还是有不满意之处，于是又继续下去……做人就像搭积木一样，到达一个目标，实现一个想法之后，总觉得还有这样或那样的缺憾，于是又去找想象中的那种圆满。一生总是不停地在寻找，但总是未能如愿，最后，许多人都是带着一丝遗憾离开了世界。

十全十美在现实中是很难找到的，这种完美之事只存在于人的想象当中。美好的人生并不是完美无缺的，而恰恰是因为有缺憾才会有追求，去拼搏，才会使自己的生命分外精彩。

大多数人都知道断臂的维纳斯塑像，她的断臂当然不是雕塑家的初衷，而是从地下挖掘出来时无意中给碰掉的，可是人们却惊讶地发现她是如此之美。也许这种美恰恰就在于她的残缺——失去双臂，这就是残缺美。失去也是得到，有缺憾的地方正好给人们留下了广阔的想象空间。没有最好，只有更好，有志者总是在这样的信念下追求着。要做到这一点，就要打开两扇心灵之窗，只开一扇窗户，就会视野狭隘，使自己变得孤陋寡闻，只能看到比自己逊色的人；多打开一扇窗，眼前就会变得豁然开朗，不仅会欣赏到自然美景，而且还会接触到智慧和才能比自己更优秀的人。

有些人面对自己的不如意，或是面对不是自己设想的事情，就失去了控制力，放弃了一切。这是因为他们太过于追求完美。

其实，"完美"只是一个目标，唯有通过每一次的"完成"才能使工作、生活更趋于"完美"，不要让"完美主义"阻碍"完成"的脚步。如果一个人为了追求完美，而不敢去"完成"，他便永远品尝不到完美果实的滋味。

世间的一切从某种意义上说，是呈现在不完美、不完整与不精确的状态中的，而人们的头脑却要求一切是完美的、完整的、精确的，显然，头脑是在对抗这既成的事实。一切都是不完美、不完整和不精确的，我们又何必违逆自然，让心变得不安宁？很多的烦恼，就是因为放不开完美、完整与精确的心理需求。追求完美使人变得没有弹性，变得不随和，变得不快乐。

自我肯定，成为你最想成为的人

相信自己一定行，是一种积极的心态，是对自我的一种肯定。培养自己这种习惯：保持最好的自我，成为你最想成为的那个你。

这是一个夸张的故事，但它能给人以启迪。

一个商人外出，驾车行驶在漆黑无人的小路上，突然轮胎没气了，这时他看到远处农舍的灯光。他一边向农舍走去一边想：也许没有人来开门，要不然就没有千斤顶，即使有，主人也许不会借给我。他越想越觉得不安，当门打开的时候，他一拳向开门的人打过去，嘴里喊道："留着你那糟糕的千斤顶吧！"

这个故事只会让人哈哈一笑，因为它挪揄了一种典型的自我击败式的思维。在商人敲门之前，他已向自己一拳拳地打过来。"也许……即使……也许"这些只往坏处想的词语把他自己给击败了。

如果你想到的是厄运和悲哀，那么悲哀和厄运就在前面。因为消极的词语会破坏一个人的自信心，不能给人以鼓舞和支持。面对失败，你需要获得一种良好的感觉，首先要往好处想。

1.调整你的思维

一位叫婷的女士一见面就告诉她的心理医生："我知道你帮不了我，我有点糊涂了，肯定是我把工作干得一团糟，老板肯定是想要解雇我了。昨天老板说要给我调动工作，他说是提升，可是如果我干得很好为什么还要调动呢？"就这样，她越说越悲伤。其实两年前婷刚拿到工商管理硕士学位，薪水也不低。这听起来并不算失败。

第一次会面结束的时候，婷的治疗医生告诉她把平时所想的记下来，尤其是晚上难以入睡的时候。下次治疗，医生看到婷的记录这样写道："我并不精明，我之所以走到这一步，只是一次又一次的侥幸……明天将会有一场灾难，我从未主持过会议……老板今天上午一脸怒气，我做错什么了？"

婷承认："仅仅在一天里，我就列出了26条否定自己的思想。难怪我总是无精打采，愁容满面呢。"

如果你总是情绪低落，那么你肯定是在给自己输送消极信息了。这时听听你头脑中的话语，把这些话大声地读出或记下来，也许这样做就可以帮助你降服它们。

2.排除毁灭性的词语

有些人总喜欢说，我"只不过是个小秘书""仅仅是个小店员"。我们就是用这些"只不过""仅仅"来贬低自己的职业，进一步说，就是贬低我们自己。

对于我们来说，消极因素就是"只不过"和"仅仅"。如果把这些词去掉，就是"我是一个店员"和"我是一个秘书"，这些话就毫无损坏意义了。两个陈述都向随之而来的积极一面打开了大门，就是说"我正走在成功的路上"。

3.停止消极思想

当消极信息一开始，就用"停止"这个词阻止它进行。

"我该怎么办？如果……"你一定要放弃这样的想法。

为了有效地"停止"，你必须顽强而执着。当你下命令的时候，要提高嗓门。

小张是个20多岁工作勤奋的单身汉，在一家公司任经理。他很小的时候，母亲就过世了，爸爸抚养他长大。他们生活得很好，然而他父亲有时过于谨小慎微，致使小张的头脑充满了焦虑的念头。不知不觉地，他的内心世界受到了他父亲的影响，变成了一个满腹疑虑的人。尽管为公司的一个女同事所吸引，可他从来不敢向她提出约会。他的多疑使他在这件事上无所进展："和一个同事约会好不好？"或者"如果她说不去，那多么难堪呀。"后来当小张停止了他内心的声音，约这个女同事出来的时候，她却说："小张，为什么你不早点儿向我约会？"

4.往积极的方面想

有这样一个故事，一个男人去找一个精神病专家。

"你怎么了？"医生问。

"两个月前我祖父去世，留给我7.5万元遗产，上个月，我一个表哥路过给了我10万美元。"

"那你为什么还这么不高兴呢？"

"可是这个月，什么也没有！"

当一个人心情沮丧时，他看一切事情都会感到失望，所以当你通过喝一声"停止"，驱除掉那些消极的念头时，就要用好的思维来代替。

有人曾这样来描述这个过程："每天晚上我一上床，就觉得头脑里乱糟糟的，无法入睡，我总在想我是不是对孩子太严厉了？或是我忘了给哪位当事人回电话了吗？

"最后，在我不知所措的时候，我想起了有一次和女儿去动物园的事。我记起她笑黑猩猩。很快我的头脑充满了愉快的记忆，我睡着了。"

多想些以前的好事，想一想你被提升了或者一次愉快的旅行，这些都会令你的心情好起来。

5.扭转思维方向

你还记得你自己无精打采的时候，忽然有人说："我们出去玩会儿好吗？"你是怎么一下子精神振作起来的呢？你改变了思维的方向，心情一下子开朗起来。

现在就扭转感觉方向。你很紧张，因为到星期五之前你必须完成一项庞大的计划，星期六你计划同朋友去采购。这时你就需要把感觉从负担沉重的星期五，调整到快乐怡人的星期六了。

练习一下把痛苦的焦虑转变到主动解决问题的心理状态。如果你害怕飞行，那么当飞机起飞或降落时，可以把注意力集中到机场的灯光或跑道上。在飞行中，你可以想一些地面上你喜欢的活动。

通过调整自己的思维，你可以发现另一个自己及周围的另一个世界。如果你认为自己可以做什么事情，就要争取做这种事情的机会。乐观精神会推动你向前，消极悲观会使你陷入困境。

培养自己的这种习惯：保持最好的自我，成为你最想成为的"那个你"。尤其要记住自己受人赞美的地方。那就是真实的你，使之成为指导你一生的参照物——最好的自我形象。

你会发现重新调整感觉的做法将会像磁石一样吸引你，当你设想使自己达到目标时，你会感觉到这块磁石的力量。

如果你以不同的方式思考，会有不同的感受和行为，这全在于你如何控制自己的思想。正像诗人约翰·米尔顿写的："心灵可以把天堂变成地狱，也可以把地狱变成天堂。"

寻梦旅途也需要平静的美好

我们置身于一个不完美的世界，我们的生活本身并不完美，正是因为不完美，我们才努力追求完美，努力使这个世界变得更好，让自己的日子变得更美，因此我们要容忍生活的缺憾。在追求完美的道路上，我们应该允许自己犯错，更应该允许自己拥有一些缺憾与瑕疵，因为这样并不影响日子的安静和甜美。

在生活中，某些小小的缺憾并不能阻止人们张扬个性的魅力、彰显意志的力量、散发人性的光辉。比如有一个身材矮胖的女孩，但是性格开朗、善解人意、乐于助人，大家都很喜欢她，认为她是一个美丽大方的完美女孩；有一个略微有些口吃的男孩，但是经过坚持不懈的苦练，最后成为一名著名的演讲家。这些人在生活中并不会因为某个不完美的缺憾而止步。

从某种程度上来说，适度的完美主义能激发人朝着更好、更高的方向发展，使我们这个世界变得更加美好。然而，过度的完美主义则会导致许多不必要的心理问题和生活问题产生。试想一下，如果一个人的目光只盯在不足和遗憾当中，甚至开始质疑自己的人生，自然无法发现生活中的快乐，无法体会当下已经拥有的幸福。

人们奋不顾身地追求完美，在追寻的过程中，生命因为风雨和阳光的一路陪伴变得生动而美妙。然而，在生命的旅途中，我们不仅需要奔跑与寻梦，也需要休息和沟通，那是一种平静的美好。

不管你如何努力，也永远无法到达完美的彼岸。因此，请不要再苛求自己，而是要学会欣然接受生活的不完美、自己的不完美。你可以停下来听听父母的叮咛与唠叨、听听伴侣的埋怨与嘱咐、听听孩子的烦恼与欢笑。在这个不完美的外表下，你可以拥有静谧的快乐、静美的人生。当你接受生活的不完美时，当你接纳自己的不完美时，你才能真正体会到那些虽然微小却真实的快乐与生活的美好。

保持"我是最好的"的感觉

如果你能培养出一种珍惜羽翼、自爱自重的态度，你就能将你的魅力传达给别人。假如你始终保持"我是最好的"的感觉，你会觉得自己就是快乐的。

你觉得自己的身材、容貌怎么样？浴室的镜子、街头的商店橱窗、公司的隔间镜墙，想想看，上次你从这些地方瞥见自己时，感觉如何？你注意到什么"缺点"了吗？当你止步细看镜中自己的身影时，你是否会微笑地说："嘿！你看上去挺不赖的！"还是会立刻把注意力集中在某个不太对劲的地方？我们为自己的外表耗费了过多的精力，并因此埋伏下这个最耗元气的祸根。有这么一段话说："我们每个人都携带着一面变形镜，只要一抬眼，便会看见自己个子太小或太大了，身材太胖或太瘦了，包括平常逍遥自在、无疮无疤的你也不例外。一旦你能将这面镜子粉碎，自我的完整、生命的喜悦便都成为可能。"

　　只要我们冷静想想，就不难领悟，作为一个人的价值并不在于他看起来有多吸引人。然而，尽管我们尽量要把自我的价值和外表两件事情分开，偏偏又会不由自主地把自己和别人做比较，尤其是电影和广告中那些有着完美无瑕的皮肤、诱人的身材及俊美五官的帅哥靓女。很多时候我们用来评定自己的价值标准还是初中时代学来的那一套"这个人长得漂亮，人缘很好；那个人傻里傻气，毫无吸引力"之类。你可能没有忘记当别人取笑你的牙齿矫正器、眼镜、衣服、雀斑、体型或运动上的笨拙迟钝时的滋味。随着年龄的增长，我们可能逐渐摆脱青少年时代那种不够美观的体态，然而你曾经被形容过的"大板牙""四眼鸡""小肥猪"等字眼，似乎就像烙印一样永远留在心头，挥之不去。

　　时间一年年过去，衰老的恐惧让我们又陷入另一个困境。男人开始恐惧日渐后退的发际线、圆鼓鼓的肚皮。女人最感到受威胁的似乎是皱纹、毛孔、白发。在岁月中不断变化的面貌没有人去尊重，人们都活在不切实际的"非此即彼"的价值标准中。我们要不是看起来很年轻，要不就是"老"了；我们要不是瘦得可怜兮兮的，要不就是太胖了；我们要不是肌肉结实，一副运动健将的样子，要不就是"太没样子"了；我们若不是穿最新流行的服装、剪最时髦的发型，那就是太邋遢落伍了。

　　这种问题又常常会与昔日的受伤经验结合。如果你的父母早先常贬损或嘲笑你"不够淑女"的走路姿态、穿着、发型等，你可能会在自己衣着比较随便时觉得提心吊胆；一个男人，如果小时候被人取笑有点"娘娘腔"，以后他对比较花俏或颜色艳丽一点的衣服就常常会敬而远之；如果你被美发师或服装店员开过玩笑，每当你要去理发或买新衣服的时候，心里的怯意就会油然而生。

　　即使长得漂亮的人也可能对自己的容貌缺乏自信心。一位心理学家曾有这样的一位病人，他是全世界知名度最高以及收入最高的男模特之一。这样一个男人却对别人投向他的眼光恐惧万分。值得注意的一件事是，他和女人约会时，常常感到自己很无趣、很紧张，就因为他脸上有个小得难以觉察的疤痕。尽管他接受过那么多赞美的眼光，他还是惶惶不安，认定别人会因为这个疤而给他不好的评价。

　　就像许多把自我价值建立在外表上的人一样，这个模特所受的罪就是名为"漂亮家伙的病"这种恐惧症——害怕自己外表上丝毫的缺点会立即使别人对他大失所望。照镜子的时候，他忍不住要盯住自己这个细微的缺点看，而且无论怎么努力也无法除去恐惧，唯恐自己遭受恶评。只要我们一直持有先入为主的成见，不能接受自己身体的某些部分，即使我们和世俗标准下所谓美丽的典型再怎么接近，我们还是不会对自己感到满意的。

其实，从你周身散发出的种种气息，其重要性远甚于你实际的面貌特征。如果你鄙视自己，无形中也会发出讯息告诉别人"别来注意我"或"我不化妆简直不能看"。这种自我批评会使他人跟着低估你的魅力。

人们常常会身不由己地把注意力的焦点集中在我们最怕暴露的身体"缺陷"上。一个开始谢顶的男人往往会设法留一缕长一点的头发将已秃的头皮尽力掩饰，这种举动无形中透露了他对自己头发掉落的事实甚为心虚，结果反而引来更多人将目光集中在他的秃头上。当一个身材丰满的女人穿着黑色紧身衣，嘴里不断抱怨自己餐桌上的东西很难吃，你想她留给别人的印象，除了"太胖"，还能有别的吗？如果我们为自己外表上小小的缺点而自暴自弃，别人即使想替我们破除障碍，提醒我们看自身真正有吸引力的优点，恐怕也是困难重重的。

其实，我们也可以把这种回馈用来加强对自己的欣赏与肯定。如果你表现出自己是个充满活力与吸引力的人，人们就会这样看待你。你的仪态、眼神、衣着、面部表情与为人的态度，时时反映出自信与自我肯定，别人自然会对你产生信任与好感。

不管你到底够不够资格当封面女郎或健美先生，你永远可以持"我是最好的"这样的态度，不必显出任何羞愧、尴尬或压抑的样子，正如罗斯福夫人所说："没有你的同意，谁也不能让你觉得自己差人一等。"

我们都见过一些身体特别高或特别矮，或者超级胖子之类的人，你可能注意过他们之中有些人的态度是那么从容自得，充满自信，根本没想到要把他们和一般社会上的标准做比较。有些谢顶的男性丝毫不因为那片童山濯濯的头顶而减损他们的自信；有些人会让自己的鹰鼻变成他们绝佳的本钱，而不是令他羞愧不安的原因。或许美丑与否在于观赏者的两眼，但是让别人如何评判你的仪表，关键人物却是你自己。

学会对自己说"没关系"

一位高明的教育学教授在上课时告诉学生："在生活中，有三个字对我们大有帮助，那是一句神奇的话，它能使每个人心灵摆脱烦恼，获得安谧。这三个字就是'没关系'。"

"没关系！"这是一句满不在乎的话语，真有那么神奇的效应吗？

教授到底指的是什么呢？

教授接着解释说："一个教师在年轻的时候会碰到许多无关紧要的挫折，如果他无法摆脱这些挫折，那么他将一事无成。在遇到意外挫折时，你得学会对自己说'没关系'。"

玛丽领悟到了教授话语中的智慧所在。由于她感到自己很容易遭受挫折，所以她把"没关系"这句话用大写字母记在了笔记本上。玛丽决心不让挫折与失望打搅自己心灵的安静。

还真见效。玛丽觉得自己快活多了，学习也有了进步。因为她只把精力放在重要的事情上，而对无关紧要的事情并不介意。

不久，玛丽新的生活态度受到了挑战。她爱上了英俊潇洒的费尔·杰克逊。她觉得自己离不开他了。她确信，他就是自己的白马王子!

可是，一天晚上他们约会时，费尔尽可能地用一种柔和的声调告诉玛丽，他只把她看作一个普通朋友。玛丽觉得自己以往在费尔周围建立起来的美好世界一下子破灭了。当天晚上，她在寝室里哭了。记事本上的字好像在嘲弄她：没关系。

"不，这有关系。"玛丽喃喃地说，"我爱他，我不能没有他呀!"

但是，第二天早晨，玛丽醒来后又看了看这三个字。她开始分析这件事：说实在的，这有什么了不起的？我难道想嫁给一个不爱我的人吗？

时间一天天地过去了，玛丽发现没有费尔，自己也过得蛮好。她相信："我会幸福的，一定会有另一个人进入我的生活。即使没有，我还是幸福的，我能控制自己的感情。"

几年以后，玛丽果真找到了更适合自己的人。处于计划结婚的兴奋之中，她立即就忘记了那句"没关系"。她觉得自己不再需要这三个字了，从此她将"永远幸福"，生活中不会再有挫折了。

年轻人多么幼稚啊！结婚做母亲就能避免挫折吗？5年之后，玛丽有了3个孩子，家庭生活的担子日趋沉重，使她不堪重负。为什么孩子们要把鸡蛋打碎在刚刚清扫过的地毯上？不管我一天洗多少次衣服第二天总又有一大堆要洗，还有这吵声，小孩的吵闹真叫人心烦！

在她大女儿生日那天，玛丽觉得自己好像要垮掉了。生日庆祝会还有半小时就要开始了，她得去买些气球，还要一个一个地吹起来。两个女儿在不停地吵闹，出去之前她还有两个电话要打。

挂上电话，玛丽匆匆忙忙地抱起最小的孩子，又急忙去找两个女儿，想带她们一起坐车去商店一趟。可是，她怎么也找不着她们。"上哪儿去了？"她咕哝着。好容易找到她俩了，只见她们的新衣服上沾满了木屑，头发里也尽是木屑，正兴奋地在厨房和饭厅里踏来踏去。

"天哪，我简直受不了。"玛丽说。她觉得自己就要大叫一声："你们这些该死的家伙！"但是，有样东西在她心里咯噔一下，那三个字很快地一闪而过，但留下了一道痕迹：没关系！

"的确没关系！"玛丽想，"起码没有我想象的那么要紧。"

她又看了看这两个孩子，摇摇头。她们那模样实在叫人觉得好笑：小小的身体从头到脚裹满了木屑，眼睛睁得大大的，望着自己。

玛丽想：的确没关系，不值得为此发火。今天这个特殊的日子属于她们，而不属于我。我要让孩子们记住一个愉快的生日，而不是一个尖声训斥的妈妈。要紧的是她们，她们是我的孩子们。

"过来，我们把灰拍拍。"玛丽说。她把被搞乱的一切又重新安排好，心平气和地做着自己要做的事。没有气球，庆祝会也非常热烈隆重。

那天晚上，玛丽把"没关系"三个字印在一张纸上，并把它贴在厨房的记事牌上。

如果我们在生活中，也像玛丽一样学会了对自己说"没关系"，生活中该减少多少无端的烦恼啊！

天下本无事，庸人自扰之

太多的人悲叹生命的有限和生活的艰辛，却只有极少数人能在有限的生命中活出自己的快乐。一个人快乐与否，主要取决于什么呢？主要取决于一种心态，特别是如何善待自己的一种心态。

生活中苦恼总是有的，有时人生的苦恼，不在于自己获得多少，拥有多少，而是因为自己想得到更多。人有时想得到的太多，而自己的能力很难达到，所以我们便感到失望与不满。然后，我们就自己折磨自己，说自己"太笨""不争气"，等等，就这样经常和自己过不去，与自己较劲。

常言道："世间本无事，庸人自扰之。"日复一日重复的无趣，使庸人烦闷异常，不知该不该按自己的想法去做，一切烦恼都由自己产生。

我们都知道"杞人忧天"的故事。杞人不好好地过衣食无忧的日子，却偏偏想着：天会不会有一天掉下来砸着我呢？并为此大伤脑筋。"天"在人们头顶上，一年又一年，从没有掉下来，也从没有掉下来的迹象，为"天"发愁，实在是"庸人自扰"！

芸芸众生，也常常自寻烦恼，好生无趣。比如，明明有馒头吃，却仍要烦恼：面包是什么滋味，要能尝尝就好了。住在遮风挡雨的木屋，看着屋外的雨点落地该是多么惬意，却自寻烦恼：有朝一日，能住进宽敞明亮的大瓦房多好。烦恼无处不在，欲望无止境。有了车子，为房子而"烦"；有了房子，为别墅而"烦"；为名誉而"烦"；为地位而"烦"；有了工资，为没有外快而辗转反侧；钱少的人为挣钱而烦；钱多的人为钱更多而愁……

"庸人自扰"是多么愚蠢而可笑啊！

静下心来仔细想想，生活中的许多事情，并不是你的能力不强，恰恰是因为你的愿望不切实际。我们要相信自己的天赋具有做种种事情的才能。当然，相信自己的能力并不是强求自己去做能力所不及的事情。事实上，世间任何事情都有一个限度，超过了这个限度，好多事情都可能是极其荒谬的。我们应时常肯定自己，尽力发展我们能够发展的东西。只要尽心尽力，只要积极地朝着更高的目标迈进，我们的心中就会保存一份悠然自得。从而，也不会再跟自己过不去，甚至责备、怨恨自己了，因为，我们尽力了。即便在生命结束的时候，你也能问心无愧地说，"我已经尽了最大的努力"，那么，你此生真正无憾了！

别跟自己过不去，是一种精神的解脱，它会促使我们从容走自己选择的路，做自己喜欢的事。假如我们不痛快，要学会原谅自己，这样心里就会少一点阴影。这既是对自己的爱护，也是对生命的珍惜。

所以，凡事别跟自己过不去，更不要庸人自扰。要知道，每个人都有或这或那的缺陷，世界上没有完美的人。这样想，并不是为自己开脱，而是使心灵不会被挤压得支离破碎，永远保持对生活的美好认识和执着追求。

第四辑

感恩和宽容，与这个世界温暖相拥

心若改变，你的态度跟着改变；态度改变，你的习惯跟着改变；习惯改变，你的性格跟着改变；性格改变，你的人生跟着改变。在顺境中感恩，在逆境中宽容，远离愤怒，与这个世界温暖相拥。

宽恕他人就是抬高自己

子贡曾问孔子："老师，有没有哪一个字，可以作为终身奉行的原则呢？"孔子说："那大概就是'恕'吧。"孔子说的"恕"，用今天的话来讲，就是宽恕。宽恕在《现代汉语词典》上是这样解释的：宽大有气量，不计较，不追究。纵观古今，因宽恕对手而传为佳话的事例不胜枚举。

西汉末年，刘秀在河北与自立为帝的王郎展开大战，王郎节节败退，逃进邯郸城里。经过20多天的围攻，刘秀大军攻破邯郸，杀死王郎，取得胜利。在清点缴来的书信文件时，发现了一大堆刘秀的部下私通王郎的信件。这些信件有好几千封，内容大都是吹捧王郎，攻击刘秀的，写信的都是刘秀一方的人，有官吏，也有平民。对此，有人很气愤，说这些人叛国投敌，应该统统抓起来处死。曾经给王郎写信的人，则提心吊胆，十分害怕。刘秀知道后，立即召集文武百官，把那些信件取过来，连看也不看，就命人当众把它们扔到火盆中烧掉了。刘秀对大家说："有人过去私通王郎，做了错事，但事情已经过去了，可以既往不咎。希望那些过去做了错事的人从此安下心来，努力工作。"刘秀的这番话，让那些私通王郎的人松了一口气，他们非常感激刘秀，甘愿为他效劳。刘秀私下对人说："如果追查，将会使许多人恐慌，甚至成为我们的死敌。而不计前嫌，则可化敌为友，壮大自己的力量。"刘秀的不计较使自己众望所归，终成帝业。

出生于平民家庭的加拿大总理克雷蒂安其貌不扬，一耳失聪，连英语也说不好，可就是这样一个人却能平步青云，三度登上总理宝座，成为加拿大政坛的"常青树"。他的成功之道在于不树敌、肯助人，有着"宰相肚里可撑船"的度量。1993年，保守党在大选中惨败，失去总理宝座的保守党主席坎贝尔难辞其咎，被迫辞去党主席职位。赢得胜利的克雷蒂安总理给这位失去栖身之所的昔日对手，安排了一间办公室和一个秘书，让他从事文件整理工作。1年后，克雷蒂安又给坎贝尔准备了两个供他选择的职位——驻俄国大使或驻洛杉矶总领事。坎贝尔选择了后者——一份年薪12万加元、部长级待遇的工作。

克雷蒂安就是这样以其过人的容人之量把夙敌化为朋友。他对政敌的宽恕，为自己创造了一个融洽的人际环境，铺就了一条通向成功的道路。

宽容对手不是迁就，也不是软弱，而是一种修身之法，是一种充满智慧的处世之道。"以恕己之心恕人则全交，以责人之心责己则寡过"，就是告诉我们，对己可以严厉一些，但对人一定要宽恕一些，因为宽恕他人其实就是抬高自己。

给自己的心中留一把锁

有一个经验丰富的老锁匠，没有他打不开的锁。他想将最后保留的绝活传给两个徒弟中的一个，所以决定先考验一下两个徒弟。他搬来两个保险柜，一人一个，两个徒弟都很快打开了。老锁匠问两个徒弟看到了什么。大徒弟两眼放光，兴奋地喊道："里面有好多钞票！"而小徒弟却说："我只按照您的要求开了锁，并没注意看里面有什么。"老锁匠当即决定把绝活传授给小徒弟，因为他厚道，他心中有一把锁，能够锁住恶念和贪欲。

厚道，就是留在我们心中的一把无形的锁。简单点说，厚道就是做老实人，说老实话，办老实事。复杂点说，厚道的内涵远比老实要宽泛得多，它包括诚实、守信、有道德、有爱心、修养好、替人着想、待人友善等。做人要厚道，是为人处世的"通行证"，是放诸四海而皆准的真理。

社会生活中缺乏厚道，就会缺乏信任、缺乏融洽，人与人之间谈不上坦诚与友爱，就不能和睦相处。生活中，为什么有尔虞我诈的伎俩、有明枪暗箭的争斗、有卖友求荣的小人，有农夫与蛇的悲剧，就是因为有的人做人不厚道。

《易经》中坤卦的主旨是"地势坤，君子以厚德载物"，意思是一个道德高尚的人，做人应该如以宽厚的身体托载万物的大地一样，具有博大与宽厚的胸怀，只求奉献，不为索取，从不与人争功、争名、争利。只有具有这样厚道的品德，才能广纳万物。如此立身处世、以德服众的人，才是真正的智者。

重庆力帆集团的董事长、全国工商联副主席尹明善的经营诀窍就是"做人厚道"。他说："其实一个老板，不必有太大的能耐，最要紧的是厚道。厚道的老板会把员工看作自己的兄弟姊妹一样来爱护，替员工着想。这会使老板与员工同呼吸共命运，激发员工的工作热情，同时还能够使员工逐渐具有厚道的人品，从而更加有利于企业的发展。员工病无所治，老无所养，厚道的老板心何以安？"

也许我们不是尹明善那样的大老板，但在与人打交道、处理各种关系的时候，都应该从"厚道"出发，给自己的心里加一把锁，做到宽以待人，尽可能地多为他人着想，即使别人犯了错误，也不要恶言讥讽，更不可落井下石。

"地基愈厚，愈能载高；础石愈厚，愈能负重；湖床愈厚，愈能纳深；人性愈厚，愈能受众。"对于厚道的人，鲁迅先生真切地愿"引以为朋友"。的确，做人不需要太聪明，需要的是厚道。

汉朝时，在洧阳有一家李姓的大户人家，家中有个仆人，名叫李善。他忠实老成、勤勉厚道，多年来一直忠心耿耿地侍奉主人。后来，李府全家上下都不幸染上了瘟疫，短短的时间，一家老小都接二连三地过世了，只留下了万贯家财和一个出生不久的婴儿——李续。

李家堆积如山的金银财宝，一时间成为了婢女和仆人们争夺的目标。他们忘恩负义，心里都盘算着如何杀害李家这个唯一的血脉，然后霸占财产。为了保住主人的血脉，万不得已之下，李善只好带着幼小的李续逃离了李家。

他们逃到了深山中，开始了无比艰难的生活。意志坚强的李善不怕吃苦，不但耕种采集、煮饭洗衣，还像慈母一样，无微不至地照顾小主人。虽然李续年幼无知，但不管大事小情，李善都会恭敬地向他禀报，因为他把李家唯一的血脉当作主人的化身一样去尊敬他。此外，他还悉心地教导李续，希望他能成为德才兼备的人，将来重振李家门风。

光阴似箭，转眼间，李续已经10岁了。李善决心为李家光复家业，于是来到官府击鼓申冤，希望能为李家讨回公道。县令钟离意了解了李善所做的一切后，被深深地感动了。他秉公执法，为李家平反了冤情、收回了财产，惩治了谋害李续的佣人。李善终于带着小主人回到了久别的故乡。

县令在感佩之余，把李善感动天地的事迹禀报给了皇上。他相信李善的忠义节操，不仅能够移风易俗，更能够教化后人。光武皇帝得知李善的事迹后，也非常感动，便请李善担任了太子的老师。

因为教导太子有方，李善被任命为河间太守。在上任途中，途经涓阳时，李善想起多年来，老爷、夫人一直都把自己当成是李家的一员，平日的关怀和照顾常常令李善感动不已。看到如今物是人非，李善百感交集。

在离李家祖坟一里地之外，李善就命人停下了轿子。他脱下官服，换上粗布衣裳，一步步地走到主人的墓前。抚摸着残破不堪的墓碑，他禁不住心中的悲恸，跪地放声大哭，哭声哀凄，闻者莫不为之动容。看见墓园里荒芜的小径，杂草丛生，李善就拿起一把旧锄头，认真地清理。打扫干净之后，他又筑起了炉灶，准备了丰富的祭品来供奉主人。他跪在主人的墓前，非常伤感地说："老爷、夫人，我是李善。我今天回来探望、祭拜你们，愿你们在天之灵能够得到慰藉。"一连几天，李善都不忍离开墓园，人们会不时见到李善抚着墓碑落泪。今天他已经不再是卑微的佣人，而是令人敬畏的朝廷命官，但是他依然不忘本，依然感念主人当年关心照顾他的恩德情义，就好像自己仍是昔日的李善一样，随侍在主人的身旁。

李善的美德之所以能流芳千古在于：卑微之时，忍辱负重，尽忠职守；显达之后，仍然不忘主人的恩情。千百年来，他的忠义精神始终鼓励着人们见贤思齐，不论身处任何环境、任何地位，都要做一个尽职负责的人。这个感人至深的故事，不仅结合了恩义、情义与道义，更为后人留下了一个"做人要厚道"的不朽典范。

做人能否厚道，就在于是否有一颗平常心。做人光明磊落，做事坦坦荡荡，对人对事都不计较、不生气，不会为得失而不择手段，也不会为名利而厚颜无耻。

"忠厚传家久，诗书继世长"，这是中国人最喜爱的对联之一，也是中国人的处世智慧之一。厚道不是懦弱，不是迂腐。厚道的人更容易得到信任，厚道的人办事更容易得到支持，前途也会更加广阔。

在与人打交道、处理各种关系的时候，都应该从"厚道"出发，给自己的心里加一把锁，做到宽以待人，尽可能地多为他人着想。

清空大脑，遗忘过往的阴霾

白涅德夫人曾经写过一本《小公主》。故事里面的主人公莎拉曾经是一个富家女，但她的爸爸突然死去，还破产了，只留下她这个十岁的小女孩。她的生活从天堂掉到地狱，每天都要干脏活、累活，还要忍受别人的讥讽和嘲笑，但她依然很快乐，她接受了这个事实，并且幻想有一天幸福会降临，从而忘记了痛苦和屈辱。当我们在面对这样环境的时候，我们是不是也应该这样呢？

人们总是希望自己活得快乐一点、洒脱一点，可是身处尘世，放眼四周，却常常会有人说自己并不快乐，被一种不可名状的困惑和无奈缠绕着。我们为什么不快乐呢？一个重要的原因就是我们没有学会遗忘。

在日常生活中，在人生路途上，我们所欣赏到、所见到的不全是让我们愉悦而开心的风景，还会遇到种种挫折和不幸，有些甚至是致命的打击。因此，我们有必要学会遗忘。对于我们来说，遗忘是一种明智的解脱。一次不该有的邂逅、一场无益身心的游戏、一次不成功的使人失魂落魄的恋爱、一场让人丢失进取心的空虚幻想，这些都是我们应该从记忆的底片上抹去的镜头。因为我们还在人生路途上行走，我们所追求的事业、目标在前方不远处，我们遗忘是为了使自己更好地赶路，使我们走得更加轻松。

　　人们常常为了名利将自己弄得疲惫不堪，将他人对待自己的种种误解铭记于心，对别人的轻视耿耿于怀。于是，本打算给自己营造一个轻松愉悦的天地，却不料到头来是给自己套上一个又一个精神枷锁，心里的那片蓝天在不知不觉中抹上了灰色，伴随着成长的足迹深植于心，在不经意中折磨摧残着自己。这时，我们真的需要一点遗忘的精神，忧心忡忡的你不妨到大自然中去体会事物本来的神韵，净化你的心灵，化解你的悲苦，遗忘你应该遗忘的那些东西。

　　遗忘，在某种程度上也是一种宽容的体现。作为一个普通人，也许你并没有获得人生中所谓的辉煌，也许你遭受了不应有的嘲讽和轻视，但你不必为此而苦恼，你完全可以潇洒地把它们忘掉。因为，你如果为这些烦事所忧，就永远休想获得人生的辉煌。每个人都需要有一个心灵的空间去反思自己，在这个空间里，学会遗忘可以让你感受到自己的空间清澈了许多，让琐事像漂浮物一样远离我们而去，沉淀下来的是我们对生活智慧的领悟。

　　学会遗忘，这并不是一件容易的事，有许多你想忘也忘不掉的悲伤、痛苦、耻辱，它们是那么的刻骨铭心。我们要以一颗平常心去对待痛苦，既然已经发生了，就应该去接受它，再忘掉它，不要为你的生活添上许多不必要的烦恼。学会遗忘吧，遗忘该遗忘的，留给自己一个清新宁静的生存空间，便会感受到欲上青天揽日月的宽阔胸怀。

我们只有学会遗忘，生活才会更加美好，如果一个人的脑子里整天胡思乱想，把没有价值的东西也记存在头脑中，那他或她总会感到前途渺茫，人生有很多的不如意，更无快乐可言。所以，我们很有必要对头脑中储存的东西，给予及时清理，把该保留的保留下来，把不该保留的予以抛弃，用理智过滤掉自己思想上的杂质。只有清空大脑，善于遗忘，才能更好地保留人生最美好的回忆。

静一静，做好人生的减法

人生有两种不同的计算方法：一是加法，层层叠加、处处增码；一是减法，依次递减，逐层精简。不同的算法成就不同的人生。有的时候，人生需要加法，追求名利、追求知识、追求成功、追求富贵，但更多的时候，人生也要做一些减法，减去一些奢侈的欲望，减去没有价值的身外之物。因为在热闹的生命里，有许多不堪承受的东西，我们只有做好人生的减法，远离名利、看淡成败、安于现状，才能享受一种静下心来的简约恬淡。

人生的减法哲学，就是减去疲惫、减轻烦恼、减去心灵上的沉重负担，这是一种豁达的情怀。现实生活中的我们常常以此慰藉自己的错误，或是寄希望于他人的宽宏大量。当别人犯错的时候，我们却十分吝啬自己的善解人意与怜悯之心，而是以非常严苛的标准要求别人，甚至为此怒火中烧，扰乱本来平静的心灵。事实上，那不过是在用别人的错误惩罚自己。古人云："水至清无鱼，人至察无徒。"做人处事不可以太苛求，待人接物不可以太刻薄，我们应该少一些怨天尤人、耿耿于怀，多一些宽容大度、坦荡如砥。

减去心灵的沉重负担是一种超脱的心态。你有没有注意过这样一个现象：刚出生的婴儿总是紧紧地攥着那个很小的拳头，当死亡来临时，垂垂老矣的人们总是以撒手人寰的方式告别这个世界。有人这样解释：每个人来到这个世界的时候都想抓些什么，所以攥紧拳头；离开这个世界的时候却知道什么也带不走，因此摊开手掌。人们在攥拳与撒手之间的生死轮回之中，得到的仅是一段人生旅程的记忆。既然这样，我们又何苦要负重前行，何必等到临近终点时才幡然悔悟，原来自己辛苦一生获得的东西临终时什么也带不走。因此，我们应该拥有"宠辱不惊，闲看庭前花开花落；去留无意，漫随天外云卷云舒"的超然心态。

除了心灵的减法，在欲望上我们也可以做减法。减少了一次奢靡淫逸，就增加了一份灵魂的纯净与人生的宁静；减少了一次诽谤嫉妒，就增加了一份人际的空间与道德的高度；减少了一次应酬周旋，就增加了一份家人的亲情与生活的从容；减少了一次谄媚邀宠，就增加了一份人格的尊严与心灵的轻松。

　　曾经有人向法国雕塑艺术家罗丹询问做出成功雕塑的秘诀，大师的回答是："减去多余部分。"印度诗人泰戈尔也曾说过："鸟的翅膀一旦系上了黄金，就永远也不能飞腾起来。"其实人生何尝不是如此？在现实生活中，聪明人做的是减法。人生如酿酒，将无味的东西减去，虽然量会少，但是味道却会变得醇厚。让自己学会做减法，便可以收获轻松与自在。留下值得坚持的美好，减掉可以放弃的欲望，你的人生才会更有意义。

　　美国有一个名叫吉姆·特纳的企业家，他40岁时继承了著名的莱斯勒石油公司。当时，他身边的很多人都以为新上任的总裁会大干一番，让公司的规模与业绩呈现递增趋势，也就是为公司做加法。可令大家诧异的是，他却做起了减法：他首先组建起一个评估团，对公司资产做了全面盘点，然后以50年作为一个周期，在资财总和中先减去自己和全家所需、社会应承担的费用，再减去应付的银行利息、公司刚性支出、生产投资等，待一切评估做完后，那个价值30亿美元的公司只剩下8000万美元的资产。然后，他把这笔钱用到了自己认为有价值的地方，先拿出3000万为家乡建起一所大学，余下的5000万则全部捐给了美国社会福利基金会。他的这一连串的举动让人们深感疑惑，面对公众的质疑，他做出了这样坦然而有力的解释："这笔钱对我已没有实质意义，减去它就是减去了我生命中的负担。"

　　后来，太平洋海啸给他的公司造成一亿多美元损失，他却一笑而过："纵然减去一亿美元，我还是比你们富有十倍，我就有多于你们十倍的快乐。"再后来，他的一个孩子在车祸中不幸身亡，他却自我安慰："我有五个孩子，减去一个痛苦，还有四个幸福。"直到他85岁的时候悄然离世，仍然没有忘记为自己的减法人生做出一个完美的总结。他的墓碑上留下这样一行字："我最欣慰的是用好了人生的减法！"

其实，一个人的快乐不是因为他拥有得多，而是因为他计较得少；多是负担，是另一种失去；少非不足，是另一种富余；舍弃也不一定是失去，而是另一种宽阔的拥有。这也许是人生减法的奥妙。

有人说："人活一辈子，就是转一个圈，最后又回到原点。"既然这样，我们为何不轻松一点呢？学会放弃一些东西吧，也许放弃过后是更多的美丽。在适当的时候懂得削减你的欲望，做好你人生的减法，成就一个轻松快乐的减法人生。

与人方便，自己方便

韩非子的《林下篇》说："刻削之道，鼻莫如大，目莫如小。鼻大可小，小不可大也；目小可大，大不可小也。举事亦然，为其不可复也，则事寡败也。"意思是，雕刻的诀窍在于，鼻子要先雕大一点而眼睛要先雕小一点。鼻子刻得大还可以修得小一点，但刻小了就不能再变大了；眼睛刻得小还可以再加大，但刻得太大就没法再缩小了。

这段话表面上说的是"刻削之道"，却能引申出一些为人处世的道理：为人处世不能太绝对、太极端，做任何事情都要留有回旋的余地，这样才不会招致失败。

传说，太阳神的儿子法厄同驾起装饰豪华的太阳车恣意驰骋，横冲直撞。当来到一处悬崖峭壁上时，恰好与月亮车相遇。月亮车正欲掉头退回时，法厄同依仗太阳车的优势，一直逼到月亮车的尾部，不给对方留下一点回旋的空间。正当法厄同看着难于自保的月亮车幸灾乐祸时，自己的太阳车也走到了绝路上，连掉转车头的余地也没有了，最终万般无奈地葬身火海。

有的人能够在社会上如鱼得水，有的人却四处碰壁，主要原因就在于后者在待人处世中不善于给他人留有余地。所以我们做任何事情都要注意给自己留后路，不可把话说死，不可把事情做绝，更不能把人逼急。于情不偏激，于理不过头，如此，立身处世才能进退自如、游刃有余。

宋代的吕蒙正胸怀宽广、气量宏大，颇有大将风度。当吕蒙正初次进入朝廷的时候，有一个官员指着他说："这个人也能当参知政事吗？"吕蒙正假装没听见，付之一笑。他的同伴为此愤愤不平，要质问那个官员叫什么名字。吕蒙正马上制止他说："一且知道了他的名字，就一辈子也忘不了，不如不知道的好。"当时在朝的官员也佩服他的豁达大度。后来那个官员亲自到他家里去道歉，两人结为好友，相互扶持。

吕蒙正这样做是对的，给别人留余地，就是给自己留余地；给别人方便就是给自己方便。人海茫茫也会狭路相逢，你今天得理不饶人，又怎么知道他日会不会再相遇呢？与人相处留有余地，既不让别人难堪，也会让自己活得舒服，何乐而不为呢？

人与人的相处，是因为距离而产生美。我们不仅要对那些得罪过甚至伤害过自己的人"得饶人处且饶人"，就是在与朋友相处时，也应该遵循同样的原则。与人交往需要彼此的包容与分享——包括喜怒哀乐，包括忍受对方的全部缺点，但做到这点很难，所以亲密得不分你我反而会滋生矛盾。正是因为这个缘故，很多称兄道弟、歃血为盟的朋友最后往往成为仇人。

喜欢中国画的人都知道"留白"的重要性。"留白"就是特意在画面上空出那了无一墨的空白部分，这不仅仅是构图布局的需要，更可反衬主题，进而给观赏者以无限遐想的空间，所以有句行话说"留白天地阔"。我们要描绘出美好的人生，同样也要遵循一条原则，那就是"万事留有余地"。

满嘴饭不能吃；满口话不可说；载物船不可装货太多；帆只可张满八九分……这些可是无数人生活智慧的结晶。我们做人做事千万莫把话说死，千万别将事做绝，否则就会把自己的后路堵死，陷入无路可走的尴尬或绝境中。

《宋稗类钞》中记载了这样一件事：宋朝有个名叫苏掖的常州人，家中十分有钱，但却非常吝啬，常常在置办田地或房产时，不肯付足对方应得的钱。有时候，为了少付一文钱，他会与人争得面红耳赤。他还最会趁别人困窘危急之时，压低对方急于出售的房产、地产及其他物品的价格，从而牟取暴利。

有一次，他准备买下一户破产人家的别墅，因竭力压低房价而与对方争执不休。他儿子在一旁看不下去了，忍不住说道："爸爸，您还是多给人家一点钱吧。说不定将来哪一天，我们儿孙辈会出于无奈而卖掉这座别墅，希望那时也有人给个好价钱。"苏掖听儿子这么一说，又吃惊，又羞愧，从此开始有所醒悟了。

客家有句谚语："人情留一线，日后好见面。"我们无论是做人还是做事，都要量力而行、适可而止。心态平和了，自然就乐意给别人一个机会、一点空间、一些希望。与人方便，自己也方便，这实际上就是给自己创造了更多的发展机会和空间。

李嘉诚的生意经是这样的："做事要留有余地，不把事情做绝，有钱大家赚，利益大家分享，这样才有人愿意合作。假如拿10%的股份是公正的，拿11%也可以，但是如果只拿9%的股份，就会财源滚滚。"

一位老木匠教徒弟的时候有一句口头禅，就是"注意了，留一条缝隙"。木匠是和木材打交道的，木材的构造有纹理，因此木匠都很讲究疏密有致，黏合贴切，该疏则疏，不然易散落。如果没有处理好这些，那些装修过的房子就会出现木地板开裂或挤压拱起的现象。那些高明的师傅懂得合理地留一些缝隙，给那些组合的材料留足空间，这样就可以避免上述问题。

余地是缓冲器，是润滑油。凡事留一分余地，则可周旋回转，灵活自如；凡事不留余地，则容易失之于刚硬，一旦做错则无可补救。做事能做到"行不至于绝处，言不至于极端"，就能使自己左右逢源、进退自如，就能在纷繁复杂又充满风险的人际关系中始终立于不败之地。

得之坦然，失之淡然

在印度的热带丛林里，人们用一种奇特的狩猎方法捕捉猴子：在一个固定的小木盒里面，装上猴子爱吃的坚果，盒子上开一个小口，刚好够猴子的前爪伸进去，猴子一旦抓住坚果，爪子就抽不出来了。人们常常能用这种方法捉到猴子，因为猴子有一种习性：不肯放下已经到手的东西。

人们总会嘲笑猴子的愚蠢：为什么不松开爪子放下坚果逃命呢？但我们有时候也和猴子一样，为了得到一些而失去了更多：

为了得到职务而奴颜媚骨，失去了尊严；为了得到金钱而劳神伤身，失去了健康；为了成就事业而无暇顾家，失去了亲情……有一得必有一失，有一失必有一得，得与失是人生不能回避的轮回定律。

留下了不朽作品的丹麦著名童话作家安徒生，一生都没有结婚，他把自己全部的生命都献给了自己所热爱的童话创作。当安徒生到了暮年，回忆自己人生得失的时候，他说："我为童话付出了一笔巨大的、无法估量的代价，甚至放弃了自己的幸福。"

是的，安徒生为了得到事业上的辉煌成就，失去了本可拥有的爱情，失去了家庭的温馨，失去了享受天伦之乐的机会。不可否认，他的人生有太多的缺憾，但他却获得了创作的快乐。

得与失，是一种心态。得到了，不可小富即安，也不可贪得无厌；失去了，不必痛心惋惜，更不可一蹶不振。得到的不一定是好事，失去的也不一定是坏事。"塞翁失马"的故事就告诉我们：得与失的转化往往是出乎意料的。

传说，战国时有一位名叫塞翁的老人，他养了许多马。有一天，塞翁丢了一匹老马，邻居们纷纷对此表示惋惜，可是塞翁却不以为然："丢了马，看起来是件坏事，但谁知道它不会是件好事情呢？"

果然，没过几个月，那匹老马又从塞外跑了回来，还带回了一匹胡人骑的骏马。这次，邻居们又一齐来向塞翁贺喜，并夸他在丢马时有远见。然而，塞翁却忧心忡忡地说："唉，谁知道这件事会不会给我带来灾祸呢？"

塞翁家平添了一匹胡人骑的骏马，他的儿子喜不自禁，天天骑着骏马去兜风，没想到有一天摔伤了一条腿，成了终生残疾。善良的邻居们闻讯后，赶紧前来慰问，而塞翁却还是那句话："谁知道它是不是一件好事情呢？"

过了一年，胡人大举入侵中原，边塞形势骤然吃紧。身强力壮的青年都被征去当兵了，结果十有八九都在战场上送了命。而塞翁的儿子因为是个跛腿，免服兵役，他们父子因此躲过了这场生离死别的灾难。

这个故事世代相传，渐渐地变成了一句成语："塞翁失马，焉知非福"。它说明人世间的"得到"与"失去"都不是绝对的，有时候得到了一些会失去更多，失去了一些也可能得到更多。

在对待得与失的时候，人们有这样几种态度。一种是得到了高兴，失去了生气，这是最常见的一种态度。一种是失去了生气，得到了也不安心。这种人活得最累，因为他们没得到时担心得不到，得到了又嫌所得不多，更怕得到的会失去。如此食不甘味，夜不能寐，人生还有什么快乐可言呢？

有一位商业上的成功人士常常感叹：5年前，我穷得要命。吃的是粗茶淡饭，但胃口却很好；穿的是很不结实的劣质衣服，但衣服里面的身子却很结实；喝的是淡而无味的白水，但却喝得有滋有味；住的是简陋的房屋，但住得很安心；睡的是冷冰冰硬邦邦的木板床，但睡得香甜……那时虽然穷得要命，但我也快乐得要命。当时我就想，如果再有很多钱的话，那我就是十全十美的人了。于是我就拼命地挣钱，终于挣到了很多很多的钱，结果呢？我现在是富了，吃的是最好的饭菜，但却没有一点食欲；穿的是光鲜的名牌衣服，但衣服里面的身子却很虚弱；喝的是高档饮料，但却寡然无味；住的是豪华别墅，心里却很不放心；睡的是软绵绵的席梦思床，但却夜不能寐……得到了财富却失去了快乐，真是得不偿失啊！

还有一种态度是"得之坦然，失之淡然"，就是以不生气的态度对待得失，得之不喜，失之不悲。对于别人之得，不攀比、不眼红、不妒忌，借别人之得，找差距，明方向，添动力；对于别人之失，不旁观、不讥讽、不消极，借别人之失，取教训，振精神，创未来。这才是对待得失的正确态度。

唐朝有一个督运官，功不显，名不著。他在一次监督运粮船队时，遭遇不测，翻了船，粮食损失颇多。巡抚在考核他时说："监运粮食受损，成绩中下。"督运官听后一句话也没说，从容地笑着退了出来。巡抚颇欣赏他的气度和修养，把他叫回来重新评估道："损失粮食非人力所能及，成绩中中。"督运官仍然没有半句惭愧或辩解开脱之类的话。巡抚深为他的坦荡胸怀所感动，最后评价他说："宠辱不惊，遇事从容，成绩中上。"这就是在得失面前"宠辱不惊"的姿态。

一个婴儿刚出生就夭折了。一个老人寿终正寝了。一个中年人暴亡了。他们的灵魂在去天国的途中相遇，彼此诉说起了自己的不幸。

婴儿对老人说："上帝太不公平，你活了这么久，而我却等于没活过。我失去了整整一辈子。"老人回答："你几乎不算得到了生命，所以也就谈不上失去。谁受生命的赐予最多，死时失去的也最多。长寿非福也。"中年人叫了起来："有谁比我惨！你们一个无所谓活不活，一个已经活够了，我却死在正当年，把生命曾经赐予的和将要赐予的都失去了。"

他们正谈论着，不觉已到了天国门前。这时，一个声音在头顶响起："众生啊，那已经逝去的和未曾到来的都不属于你们。你们有什么可失去的呢？"三个灵魂齐声喊道："主啊，难道我们中间没有一个最不幸的人吗？"上帝答道："最不幸的人不止一个，你们全是，因为你们全都自以为所失最多。谁受这个念头折磨，谁就真正是最不幸的人。"

的确，得到了多少，又失去了多少，不在于世俗的标准，而在于自身的评判。如果患得患失，即使得到再多，也会失去生命中最重要的元素——快乐。

活着就是最大的幸运

有人向一位算命很准的老道询问来年的运势如何。老道说："你明年会交大好运。"那人特别高兴地回去了，回家就开始等着自己大好运的到来。等啊，等啊，从1月等到12月，也没有等来好运。等到除夕那天他高兴极了，心想今天可是一年的最后一天了，肯定能交好运，可是这一天仍然什么好事也没有发生。

这个人沉不住气了，初一的一大早就去找那位道士理论。道士一看见他就笑着问："你怎么答谢我？"那人生气地说："你不是说我去年能交大好运吗？怎么什么好运也没有啊？害的我苦等了一年！"老道慢条斯理地说："你这不是已经交了大好运了吗？""大好运在哪儿？我不还是这么穷，这一年我连一文钱都没捡到。"老道淡淡一笑说："你想想这一年里有多少人死于非命，有多少人妻离子散，又有多少人家破人亡，还有多少人遭受着生离死别的痛苦？而你不还是好好地活着，子女孝顺、夫妻恩爱吗？难道这不是最大的好运吗？"

老道的一番话虽然有自圆其说的嫌疑，但是"活着就是幸运"的道理却是千真万确的。人的生命就好像"1"，其他的诸如职位、财富这些东西就是"1"后面的"0"，只有活着这个"1"存在了，后面那一连串的"0"才有意义。

中国人常用"五福临门"来祝贺他人，这五福的内容是：第一福"长寿"，命不夭折且福寿绵长；第二福"富贵"，钱财富足且地位尊贵；第三福"康宁"，身体健康且心灵安宁；第四福"好德"，生性仁善且宽厚宁静；第五福"善终"，命终时，没有遭到横祸，身体没有病痛，心里没有牵挂和烦恼，安详地离开人间。

为什么"长寿"被视为五福之首，是人生最大的福气呢？因为只有活着，你才能欣赏这世界万象，观赏这世间百态，死了就再也办不到了。

人生最大的财富是健康长寿，道理人人都懂，但要真正做到，却不是件容易的事。古今中外的芸芸众生，或为名所惑，或为利所动，或为官而奔波，或为爱情而苦恼，却不知人生最大的财富就是自己的生命。

有个年轻人觉得自己的人生太悲惨、太沉重了，他忍受不住了，就跑到一座山顶上，准备跳下去。一位守山老人听了年轻人的哭诉，对他说："你说你的人生太悲惨，不妨仔细说来，看看咱俩到底谁更悲惨。"

年轻人说："我从小没有母亲，父亲从不管我，我没有考上大学，到现在还没找到工作。因为没有钱，女朋友也和我分手了，现在我无依无靠，租的房子也到期了……我这样还不够悲惨吗？"

　　"年轻人，你的人生多么幸福啊！"老人听了哈哈大笑起来，然后接着说，"你从小没有母亲，我连自己的父母是谁都不知道；你没有考上大学，我幼儿园都没去过；你和女朋友分手了，可我始终独身一人；你还有钱租房子，我只能住在山洞里……你说，我们两个到底谁更悲惨？"年轻人很惊讶地说："想不到还有比我更悲惨的人，如果我换作是你还不如死了算了。"

　　老人又笑了："如果大家都像你这样想，人类早就死光了。"年轻人不解地问："你的遭遇如此悲惨，为什么还那么开心呢？""因为还有比我更悲惨的人。因为我还活着。"年轻人听了老人最后一句话，恍然大悟，打消了轻生的念头。

　　人的生命只有一次，所以一定要珍惜，千万别做寻短见的蠢事。既然连死都不怕，还怕活着吗？"月有阴晴圆缺，人有悲欢离合"，也许你正经历着不幸，正处于无比的痛苦之中，但你在不幸之中还是万幸的，因为你还活着。没错，活着就是希望；活着，一切皆有可能。

走慢一点，让灵魂赶上来

　　古印第安人有一句谚语："别走得太快，等一等灵魂。"

　　这世界变化得太快，逼迫得我们必须每天也跑得很快，每天脸上该有的微笑都流失了；有时我们忘记了每天忙忙碌碌都是为了什么，我们不再留意路边开满的花朵，不再留意那股清凉的风，这世界变得那样陌生，那样浮华与腐朽。

有一种撒哈拉大沙漠里的沙鼠，每当旱季到来之前，这种沙鼠都要囤积大量的草根，远远超过自己的食量，日日夜夜拼命工作运草根。

但是当这种沙鼠被养在笼子里过上"丰衣足食"的生活时，反而很快就会死去。医生发现，这是因为没有囤积到足够草根的缘故。这是它们头脑中的一种潜意识决定的，并没有任何实际的威胁存在。确切地说，它们是因为极度的焦虑而死亡，而这种焦虑来自一种自我心理的威胁。

这很像是我们现代人的生活。在现实生活里，常让人们深感不安的事情，并不是眼前的事情，而是那些所谓的"明天"和"后天"，那些还没有到来，或永远也不会到来的事情。

我们无论如何也不能活得像沙鼠一样，更不能为明天而焦虑，甚至为明天而死去。总结人的一生，有很多担心都是没有必要的、多余的。人世无常，其实谁也说不准明天的事情。我们为什么要为明天而活得如此不快和劳累呢？多看看沙鼠，也许对我们倒是一种意外的提醒。沙鼠缺乏的正是顺其自然、随遇而安的生活，而我们毕竟不是沙鼠。

在现实生活中，很多人活得过于沉重。他们整天考虑着自己应该怎样表现，怎样才能讨好这个又不得罪那个，算计来算计去，无休止地耗费自己的时间。

我们不应该一有挫折便怨天尤人，跟自己过不去。凡事固然讲求操之在己，但是在没有主控权的事上，我们不妨放慢自己的脚步，一边前进一边欣赏沿途的风景。

一门心思地只想着快速前进，不仅会损伤自己的身体，给自己更多的心理压力，更有可能使自己失去更多。

小海马有一天做了一个梦，梦见自己拥有了七座金山。

从美梦中醒来，小海马觉得这个梦是一个神秘的启示：它现在全部的财富是七个金币，但总有一天，这七个金币会变成七座金山。

于是它毅然决然地离开了自己的家，带着仅有的七个金币，去寻找梦中的七座金山，虽然它并不知道七座金山到底在哪里。

海马是竖着身子游动的，游得很缓慢。它在大海里艰难地游动，心里一直在想：也许那七座金山会突然出现在眼前。

然而金山并没有出现。

出现在眼前的是一条鳗鱼。鳗鱼问："海马兄弟，看你匆匆忙忙的，你干什么去？"

海马骄傲地说："我去寻找属于我自己的七座金山。只是……我游得太慢了。"

"那你真是太幸运了。对于如何提高你的速度，我恰好有一个完美的解决方案。"鳗鱼说，"只要你给我四个金币，我就给你一个鳍，有了这个鳍，你游起来就会快得多。"

海马戴上了用四个金币换来的鳍，发现自己游动的速度果然提高了一倍。海马欢快地游着，心里想，也许金山马上就出现在眼前了。

然而金山并没出现，出现在海马眼前的，是一个水母。

水母问："小海马，看你急匆匆的样子，想要到哪里去？"

海马骄傲地说："我去寻找属于我自己的七座金山。只是……我游得太慢了。"

"那你真是太幸运了。对于如何提高你的速度，我有一个完善的解决方案。"水母说，"你看，这是一个喷气式快速滑行艇，你只要给我三个金币，我就把它给你。它可以在大海上飞快地行驶，你想到哪里就能到哪里。"

海马用剩下的三个金币买下这个小艇。它发现，这个神奇的小艇使它的速度一下子提高了五倍。它想，用不了多久，金山就会马上出现在眼前了。

然而金山还是没有出现，出现在海马眼前的，是一条大鲨鱼。大鲨鱼对它说："你太幸运了。对于如何提高你的速度，我恰好有一套彻底的解决方案。我本身就是一条在大海里飞快行驶的大船，你要搭乘我这艘大船，就会节省大量的时间。"大鲨鱼说完，就张开了大嘴。

"那太好了。谢谢你，鲨鱼先生！"小海马一边说一边钻进了鲨鱼的口里，向鲨鱼的肚子深处欢快地游去……

人不能成为工作和金钱的奴隶，也不要为在工作中遇到的情况和摩擦而生气焦虑，应该学会享用金钱以及工作所带来的乐趣。如果你被繁重的工作压得喘不过气，如果你因为工作而与人产生了摩擦，最好立即把工作放一下。放慢一下，轻松休息一下，你可能会有意想不到的收获呢。

或许我们都需要等待一下自己的灵魂。也许我们已经想不起来上一次看月亮是什么时候了，想不起来上一次平心静气地看一朵花、一片云，或者是看窗下搬运食物过路的蚂蚁是什么时候了。

而当灵魂离灵魂最近的时候，我们便很喜欢怀旧，尤其喜欢那个纯洁天真的自己，喜欢小时候，拿张凉席铺在地上，或坐或躺，仰望着灿烂的星空，听着美妙的蛙鸣蝉叫，感受着最自然的凉风的那种感觉。偶尔，我们也会拿大蒲扇扇几下，有时也会缠着大人们讲故事给我们听……

但那样简单的日子离我们是那样远，即使是一回首的距离也无法触及。所以，当我们在路上的时候，不要走得太快，每当迷失自我的时候，点一盏心灯，让它照亮你的心灵，给灵魂指点，让他跟你更紧些。也许我们都需要时刻告诉自己：不要走得太快，等一等自己的灵魂。

过去不可得，稳稳抓住当下的幸福

活在当下，是一句佛语。它不仅是一种感悟，也是一种智慧，更是一种积极向上的人生态度。

活在当下，说到底，其本质是，自在、洒脱、没有任何挂碍地活一秒钟。一秒钟之前的你，已不是你，他仅属于过去。过去不可得，谁能从过去抓回些什么？逝去了的青春，逝去了的爱情，逝去了的生命，抑或逝去了的金钱、荣誉、地位？过去似烟花，在空中一闪，就不见了。妄想留住过去，那将是竹篮打水———一场空。一秒钟之后的你，也不是你，他又属于未来了。未来也不可得，未来只是一个幻想。而幻想恰如一个个漂浮于空中的肥皂泡，一串串绚丽的氢气球；一个蛋生鸡，鸡生蛋，蛋又生鸡的传说；一个建立在沙滩上的城堡。转眼间，泡灭，球破，蛋打，楼塌。我们不会运气总是那么好，迟早要承受希望破灭的痛苦。过去已死，未来还没有生。真正属于我们的就只有当下。

在这一秒钟，让你选择。你是选择快乐呢，还是选择痛苦？你是选择幸福呢，还是选择烦恼？你是选择清静呢，还是选择忧虑？你是选择智慧呢，还是选择无明？选择不同，得到的结果恰恰相反。幸福与快乐，其实很明了，就在你一念之间。我们的人生，就如一道已经知道答案的选择题。

人生，就是一个钟。我们在预先定好的圈里轮回，每个人都有各自的轨迹。过去，不属于我们；未来，我们不知道。我们在无明里烦恼、忧虑、痛苦、叹息、生老病死、悲欢离合。我们面对生命的夭亡，爱情的幻灭，幸福的渺远，痛苦不堪，无可奈何。真正属于我们的，我们最终能掌控的，也只有当下。一秒何其短，但无数个一秒连起来，就是一生，就是永恒。

如果，在这一秒，你选择了快乐，那么无数的快乐连起来，就流成一条快乐的河。如果，在这一秒，你选择了幸福，那么无数的幸福连起来，就汇成幸福的海洋。快乐很简单，幸福也很简单，就像让你把自己的手掌翻转过来一样。一秒钟就能完成，谁都能完成。

做人生最大的课题，只需要一秒钟。快乐自己，就在这一秒。幸福离我们，永远只有一秒的距离。人一生下来，除了向着死亡疾奔，他的另一个目的，就是快乐、幸福。我们一生都在寻找快乐，寻找幸福。可有的人觉得，幸福就如自己的影子，永远只差那么几步，眼看就要抓住了，却又总追赶不上。于是，便有人写下随笔，叫《幸福在远处》，观者数十万，赞者不计其数。其实，说幸福在远处的人，都是捕风捉影，缘木求鱼，枉费心机。

幸福在哪里？其实就在我们心里。当我们静下来，关照内心，就会发现，自心外去寻求幸福的人与那些拼命追逐自己影子的人一样可爱。当浮华散尽，尘埃落定，生活便水落石出，渐渐露出她的真面目。人到中年，人人都有"梦里寻她千百度，那人却在灯火阑珊处"的感叹，有"踏破铁鞋无觅处，得来全不费工夫"的顿悟。幸福，只在一念，只在当下，只在过好这一秒。

在这仅属于我们的一秒钟内，做自己想做的事，爱自己所爱的人。珍惜眼前人、眼前事。快乐，就是不问过去，也不想未来。幸福，就是活在当下，专注于当下，用心于当下。

活在当下，常怀感恩之心。时刻感谢，在这一秒，我还活着。

活在当下，常怀敬畏之心。在无边无际的时空里，我们不是唯一的主宰。

活在当下，常怀仁爱之心。老吾老以及人之老，幼吾幼以及人之幼。

活在当下，常怀慈悲之心。无缘大慈，同体大悲。一切都是我，都是我心的一部分。

活在当下，就是以阳光的心态，过阳光的生活。就是活得有理想，有智慧，有尊严。就是让我们做生活的主人，不做生活的奴隶！

活在当下，它是一种心灵的净化与升华，是一个在一秒钟就能改变自己的智慧，是直面自己、直面生活的豁达。

生活的乐曲中少不了失落和失意

失落表示一个人经历了失败或者挫折之后的心情；而失意一般表示一个人的工作或者事业没有按照自己理想的方向发展，他的内心就会生出一种失落的心理感受。"比海更宽阔的是天空，比天空更大的是人的心灵。"生活的失落和人生的失意在所难免，但心灵的视野没有藩篱，无比宽广，任你驰骋。虽然失落和失意是一种痛苦，但它们同样是生活乐曲中不可缺少的音符。

有位智者曾经说过："失落是一种心理失衡，要靠失落的精神现象才能调节；失意是一种心理倾斜，是失落的情绪化与深刻化；失志则是一种心理失败，是彻底的颓废，是失落、失意的终极表现。"要克服失落、失意、失志，就要保持一种宠辱不惊、不以物喜、不以己悲的心态。

1.人生可以失落，但心态不可以失落

一个人在失落的时候，心灵和肉体会突然变得懒散，对任何事情都提不起兴趣。心灵找不到可以停靠的驿站，常常让自己的思绪陷入极端低沉的痛苦中，生命中的不如意如同花的凋零一样不可抗拒。这些都不必太在意，只要怀有一颗平常心，把握好自

己，你的明天一定会灿烂。只要你能够顺利走过失落的情绪，就会发现阳光依然会抚摸你的笑脸，月色依然会沐浴你的秀发，风儿依然拂动你的睫毛，你的生命依旧光彩，你的世界依旧辉煌。

如果你对失落的情绪太在意，像对待工作一样不放过任何细节，那么你就会不自觉地陷入失落本身的阴影中难以自拔。凡事太较真，你一定会感到生活很累，甚至会觉得人未老心先衰。当你在预防和减轻失落情绪的时候应该明白，并不是所有的愿望都能实现，做任何事情都要量力而为，对事物的期待也不要过高。要从失落的情绪中恢复过来，就要承认自己的痛苦和感伤，不要隐瞒，不要颓丧，而要学会接纳自己、欣赏自己。

鲜花与赞美、财富与权势、知名度与声望，诸如此类的诱惑，是很多人热衷追求的目标。为了这些目标，人们绞尽脑汁，哪怕违背道德也在所不惜，在权势的链条中，患得患失，忧虑焦灼。其实，他们有多少得意，就有多少失落。一个人如果想要远离失落，就要有宽宏的气量，拿得起放得下。不要总想着自己能占尽天下所有的好事。每个人或多或少总会有失落的时候，如果你心里难以承受这种失落，仍对导致你失落的事情耿耿于怀，那么，你将永远无法走出失落的心理阴影。只有当你真正摆脱失落的困扰，才能真正拥有一双最强劲有力的臂膀，才能挑起生活的重担。

2.失意未必都是坏事

人的一生中，不只有烟花般的绚烂与明媚，也会有失意时的落寞和荒凉。因此，无论何时，只要把心放宽，那些曾经的失意就会被看淡。谁的生活都不可能一帆风顺，有得必有失，这就需要我们摆正自己的心态，得意时不骄狂，失意时不气馁。这样，无论怎样的人生考验，怎样的波澜起伏，你都可以找到前行的路，找到生命的归宿。

在明代，有个家喻户晓的风流人物，名叫唐寅，也叫唐伯虎。他是明代的大画家。说起他，最著名的传说要算是"唐伯虎三笑点秋香"了。故事说的是才子唐伯虎看上了无锡华员外夫人的丫鬟秋香，二人一见钟情。但华家的深宅大院又使他没法接近秋香，于是就心甘情愿地将自己卖身为奴去华府当了一名伴读书童，由此引出了一段风流韵事。实际上，这故事纯属子虚乌有。据记载，历史上的唐伯虎，生活得十分艰难。

唐伯虎出身于商人家庭，父亲是酒店老板。唐寅自幼才华过人，29岁时赴南京乡试获得第一名（解元），次年赴北京会试，主考官程敏政对他很欣赏，但与他结伴赶考的同乡徐经行贿买题事发，程敏政、唐寅都受到牵连，被下了狱。结果程敏政被罢官，徐经被废为庶人，唐寅被罚为浙江小吏。从此，悲苦的命运开始笼罩着他，他不堪忍受如此凌辱，常常借酒浇愁。返回苏州后，他玩世不恭，与家人反目，并夜宿青楼，十分痛苦。

失意从来不是奢侈品，它经常与我们打照面。求学时，一次考场败北我们说是失意；工作时，事业无成我们说是失意；恋爱时，遭遇拒绝我们说是失意……失意有时如山洪一样扑向我们。在失意时最忌讳的一件事是停下脚步、不思进取，就像唐伯虎那样，只会让自己越陷越深。

也许生命中拥有了失意才是完美的。每经历一次，我们便跨过人生的一道坎；每经历一次便超越一次自我。失意塑造你的坚强；失意历练你的自信；失意让你有了阅历和见识；失意让你体会人生百态。面对逆境，我们更应该保持清醒的头脑和理智，全面认识自己的优点和不足，把失意变成财富，用宽阔的胸怀来包容它，用坚强的肩膀来支撑它。

大海如果失去巨浪的翻滚，就会失去雄浑；沙漠如果失去飞沙的狂舞，就会失去壮丽；人生如果没有失意的点缀，生命也就不会如此丰富。请接纳各种失意的光临吧！面对失意请微笑吧！也许生活给你太多苦难，也许命运对你过分苛求，也许你的真诚没有换回应有的感动，也许你的努力没有收获应有的回馈，可这就是生活，就是人生。请不要抱怨生活，请不要埋怨人生。失意也是生命对你的馈赠。

常怀感恩之心，人生精彩不停

感恩之心就是对别人给予自己的帮助心存感激，它是一种内心善良的表现。不管你生活在什么地方，或是你的生活经历多么与众不同，只要你的胸中常常有一颗感恩的心，就会给自己的生活增添美好的色彩。

1.播下感恩的种子，收获人生的希望

人生的幸福能及时抓到吗？能，只要你有一颗感恩的心。常怀感恩之心的人，可以给予别人更多的帮助和鼓励，他可以对落难或者绝处求生的人们伸出援助之手，这是何等的高尚和快乐。

有一天，一个猎人带着他的孩子上山打猎。父子俩做着一件习惯的事情，那就是去看昨天埋下的若干个夹子，这些夹子可以在动物踩上去的那一瞬间夹住它们的腿。猎人和他的孩子走到第一个夹子时，看到夹子上有动物的血迹，可惜只留下半条腿在夹子里，可能是挣扎后逃跑了。于是，猎人和儿子沿着血迹走去，正好走到了第二个夹子所在的位置，那个夹子上有一只肥嘟嘟的小白兔，它的左前腿被夹子紧紧夹住，猎人一看，小白兔的旁边还静静地蜷着一只小灰兔，在它们的中间有一些吃剩的野果和

果核。猎人非常高兴，因为他狩猎十多年了，第一次碰到"一箭双雕"的好事，于是他立刻解开包袱，拿出绳索，准备抓住小灰兔。正在这时，儿子指着地上的脚印，好奇地问道："爸爸，你看，好奇怪哦，兔子是长四条腿的小动物，可是为什么脚印分布是：左边的脚印是六个一组，而右边的脚印三个一组呢？是不是小灰兔受伤了？"猎人没有理睬孩子，只是俯下身去抓住小灰兔。忽然，他看见小灰兔的左前腿只有半截，腿上有好几处发黑的血瘀，还不断渗出一道道的血痕。他对小灰兔顿生怜悯之心，于是抱起小灰兔，顺着儿子手指的方向看去，只见小白兔也是伤痕累累。于是猎人闭眼长叹一声，弯腰放下手中的小灰兔，并轻轻地将小白兔的左腿从夹子里取出，用布将小白兔和小灰兔的伤口包扎好，然后带着孩子下山了。

猎人回到家后，把所有的狩猎工具都砸了，儿子迷惑不解地问："爸爸，为什么要砸掉所有的工具，难道我们以后不狩猎了吗？为什么不把小白兔和小灰兔带回家，我们的晚餐吃什么？"猎人摸着儿子的脑袋说："好孩子，今天的晚餐，我们可以先吃一些野菜充饥，以后我们再也不要打猎了！你想想，那对可爱的小兔子，它们相互扶持，多让人感动啊！第一个夹子把小灰兔的腿夹断了，小白兔就背着它回家。后来，小白兔自己的腿也被夹住了，动弹不得，小灰兔就用三条腿去找食物给小白兔吃，所以才出现了左边六个脚印一组、右边三个脚印一组的状况。这些年来，我们一直靠着吃这些善良的兔子为生，想想多么不该啊！我们不能再残害它们了，而是要好好地感谢它们。至于以后的生活，我们完全可以靠种庄稼来生存啊。"

上面的故事中，小白兔和小灰兔都怀有一颗感恩的心，它们不仅在困境中相互帮助，还深深地感染了猎人，从而有幸逃脱了死亡的命运。感恩的心是一片熊熊的烈火，可以融化千里冰川；感恩的心是一弯清清的河水，可以滋润万亩荒漠；感恩的心是一张零存整取的存折，投入越多，利息越多，这就是人生财富的源泉。

2.对讨厌你的人感恩，他就是你的朋友

生活中，由于价值观不同，别人有时会对我们的行为不理解，甚至斥责讨厌我们。此刻，我们千万不可针锋相对，而要静下心来，认真观照一下自己的所作所为，即使我们的行为正确得无可挑剔，也应该把别人的不理解和仇视当作一次人生考验，我们应该怀着一颗感恩的心去看待、去接受。这样，我们就可以把讨厌自己的人变为朋友。

美国历史上有一位连任四届的总统，他的名字叫富兰克林·罗斯福。这位著名的总统年轻的时候经历过很多的坎坷和挫折。他曾经把自己辛辛苦苦积攒了好多年的积蓄都投资在了一家小印刷厂里，他很想获得一份为议会印文件的工作，可是一直没有机会；更苦恼的是，有一个很有钱又很能干的议员非常讨厌富兰克林，曾经公开斥骂他。富兰克林意识到了这种情形，于是想办法让那个议员喜欢他。以下是富兰克林自叙获得那位议员的友谊的全过程：

"我听朋友说，这位议员有一个图书室，里面藏有一本非常特殊的图书，我就给他一封便笺，表示我急欲一睹为快，请求他把那本书借给我几天，好让我仔细地阅读一遍，好好吸收书中的精髓。那个议员立刻叫人把那本书给送来了。大概过了一个星期的时间，我把那本书还给他，还附上一封信，强烈地表示了我的感谢之意。于是，当我们在下次议会里相遇时，他居然主动跟我打招呼，他以前从来没有那样做过，并且这次打招呼极为有礼。自那以后，他随时乐意为我帮忙，于是我们变成很好的朋友。"

富兰克林打动他人的方法就是怀有一颗感恩的心，不因受到过打击记恨对方、排斥对方，而是想办法与对方走得更近，请求对方帮助自己，并虚心学习对方的优点，让对方在感动之余发现：你并不是我的敌人，而是我的朋友。富兰克林的经历告诉我们，如果我们给人以充分的尊重和友爱，那么就是敌人也会变成朋友。感恩之心是成功的基础，感恩让我们的人脉得以巩固。要对对手感恩，对手的刁难和挑剔，才使你得到了磨炼和考验，从而变得强大茁壮。

3.感恩生活的不顺，你就是生活的赢家

当我们享受温暖的阳光、和煦的春风、清脆的鸟鸣、清澈的

露珠，那些来自于大自然的馈赠，这一切都需要我们用一颗感恩的心去品尝、去体味。当我们历经了一次次日落月升，花开花谢，当我们承受了一次次风霜雨雪的侵袭，走过了一段段泥泞崎岖的小路，就会增添一份战胜艰难困苦的勇气。而这一切，都需要我们用一颗感恩的心去微笑面对！懂得感恩，生活便会平添许多快乐，感恩的人才是生活的赢家。

史蒂文斯失业时，已经不是一个年轻的小伙子了。那是他在一家软件公司工作了八年之后的一天，这家公司突然倒闭，他这个老资格的程序员一下子被挤入了失业大军的行列，一切来得那么猝不及防，让他一点准备也没有。

史蒂文斯是一个心态沉稳、工作认真的男人，他一直以为能在这家公司做到退休，然后拿着丰厚的退休金颐养天年。那时的他，有一个温馨的家庭，他的第三个儿子刚刚降生，他感谢上帝的恩赐，同时意识到，作为丈夫和父亲，自己存在的最大意义，就是让妻子和孩子们过得更好。而实际上，他也做到了，因为他工作很勤奋，收入也很可观。可是，他失业以后，生活变得乱糟糟的。他每天必做的事情就是投简历，然后等面试电话。一个月过去了，他没找到工作。他心急如焚，甚至想到干点别的什么来维持家庭的正常开销，可是，他这个专业程序员，除了编程，一无所长，在其他方面，他没有任何竞争力。

他在沮丧中度过了一天又一天，终于等来了一个机会。他在报上看到一家软件公司要招聘程序员，待遇不错。他算了算，如果被录取，工资收入足够养活他的妻儿。他真的等不及了，没有发简历，没有打电话咨询，就直接揣着资料，满怀希望地赶到那家公司。那里应聘的人数超乎想象，很明显，竞争异常激烈。经过简单的交谈，公司通知他一个星期后参加笔试，这让他兴奋不已。在后来的笔试中，史蒂文斯凭着过硬的专业知识，轻松过关，公司又通知他两天后接受面试。他对面试满怀信心，他相信自己八年的工作经验让一般年轻小伙子望尘莫及，坚信面试不会有太大的问题。然而，考官的问题是关于软件业未来的发展方向。这些问题，他从未认真思考过，所以回答起来很吃力，让面试官很失望。

史蒂文斯知道自己没有希望去那家公司上班了，可是他对那家公司真的很仰慕。这家公司对软件业发展方向的分析令史蒂文斯耳目一新，虽然应聘失败，可他感觉收获不小，他觉得有必要给公司写封信，以表感谢之情。于是，他立即提笔写了一封与众不同的感谢信：

"尊敬的各位面试老师：你们好！贵公司花费人力、物力，为我提供了笔试、面试的机会。我虽然没有应聘上，但是这次应聘经历给了我一个重新认识自己的机会，让我大开眼界，真的是受益匪浅。非常感谢！"

在这封信里，落聘的人没有表现出任何不满的情绪，还给公司写来感谢信，真是闻所未闻。这封信在这家公司的领导层中传来传去。最后，这封信被送到总裁的办公室。总裁看了感谢信后，什么话也没有说，便把它锁进了自己的抽屉里。

几个月过去了，等到新年来临时，史蒂文斯收到一张精美的新年贺卡，这张贺卡是他上次应聘的公司寄来的，上面写着："尊敬的史蒂文斯先生，如果您愿意的话，请加入到我们当中，和我们共度新年。"原来，这家公司在新年来临之际，又有了招聘新人的计划，他们首先想到的是史蒂文斯。这家公司就是如今闻名世界的微软公司。在这家公司，史蒂文斯凭着出色的业绩，一直做到了集团副总裁的位置。

你是否因为生活的平平淡淡而忘却了世界的缤纷色彩？你是否因为人生的风风雨雨而忽略了天边的七色彩虹？你是否因为脚步的匆匆忙忙而错过了沿路的风景？请不要因为生活太过艰辛、工作太过劳碌而丢弃那颗感恩的心！在这个世界上，我们要感谢的人很多，要感恩的事也很多。我们感恩父母的养育之恩，感恩老师的培育之恩，感恩朋友的理解之恩，感谢领导的知遇之恩。感恩人生，精彩不停！

第五辑

微笑是最好的天气

悲观主义是依据心情，乐观主义是依据意志。天堂、地狱，转换往往只在一念间。

在人生的大目的下，开心洒脱地活着吧！记住，微笑是最好的天气。

在心里寻找快乐的密码

快乐从哪里来？快乐的密码就在我们的心中。当我们悲伤或者是痛苦的时候，请打开自己的心灵，清扫心中郁积的消极情绪，让快乐释放出来。如果我们希望自己永远快乐，就要学会调节自己的内心，而不是靠外界条件去影响自己。

一个烦恼少年四处寻找解脱烦恼之法。有一天，他来到一座大山脚下，只见一片绿草丛中，一位牧童骑在牛背上，悠闲地吹着横笛，逍遥自在。

烦恼少年走上前去询问："你能教我解脱烦恼之法吗？"

"解脱烦恼？嘻嘻！你学我吧，骑在牛背上，笛子一吹，什么烦恼就没有了。"牧童说。

烦恼少年爬上牛背，拿过笛子，越吹越烦。他觉得牧童这招不灵。于是他又继续寻找。走啊走啊，不觉来到一条河边。岸上垂柳成荫，一位老翁坐在柳阴下，手持一根钓竿，正在垂钓。他神情怡然，自得其乐。

烦恼少年走上前去询问："请问老翁，您能赐我解脱烦恼之法吗？"

老翁看了一眼少年，慢条斯理地说："来吧，孩子，跟我一起钓鱼，保管你没有烦恼。"

烦恼少年坐了下来，拿过鱼竿，越钓越烦。他觉得老翁这个办法也不行。

于是，他又继续寻找。不久，他路遇一位在路边石板上独自下棋的老翁，烦恼少年正欲上前寻找解脱之法。

"哦！可怜的孩子，你继续向前走吧，前面有一座方寸山，山上有一个灵台洞，洞内有一个幽谷老人，他会教你解脱之法的。"老人一边说，一边自个儿下着棋。

烦恼少年谢过下棋老者，继续向前走。到了方寸山灵台洞，果然见一个长须老者独居其中。烦恼少年长揖一礼，向幽谷老人说明来意。幽谷老人微笑着摸摸长须，问道："这么说你是来寻求解脱的？"

"对，对，对，恳请前辈不吝赐教，指点迷津。"烦恼少年说。

幽谷老人笑道："请回答我的提问。"

"前辈请讲。"

"有谁捆住你了吗？"幽谷老人问。

"……没有。"烦恼少年一愣，而后回答。

"既然没有人捆住你，又谈何解脱呢？"老人说完，摸着长须，大笑而去。

烦恼少年先是一愣，继而顿悟：哦！是啊！又没有任何人捆绑我，我又何需寻求解脱？原来，我心目中的烦恼是自找的，我是自己捆住了自己啊！

少年正欲转身离去，忽然面前成了一片汪洋，一叶小舟在他的面前荡漾。少年急忙上了小船，可是船上只有双桨，没有船夫。

"谁来渡我？"少年茫然回顾，大声呼喊着。

"请君自渡！"幽谷老人在洋面上一闪，飘然而去。

少年拿起双桨，轻轻一划，面前顿时成了一片平原，一条大道近在眼前。少年踏上大路，高兴而去。

快乐是一种积极的正面情绪，人人都想获得快乐，但究竟快乐在哪里呢？很多人却并不知晓。其实，快乐就在我们心里。

遇上了天灾，村民们焦虑不安，闷闷不乐。村长召唤来一位精壮的小伙子，吩咐道："听说终南山一带出产一种快乐藤，凡得此藤者，皆快乐永远、不知烦恼，你快去采吧！"备足干粮，配齐鞍辔，小伙子策马扬鞭，一路风尘朝终南山飞驰而去。

在水草丰沛的终南山，小伙子发现一处藤萝缠绕的小屋，一位老师傅正不辞劳苦地工作着。他衣食简单，但仍然面挂喜色、不知疲倦。小伙子毕恭毕敬上前询问：

"师傅，这些藤萝能使您快乐吗？"

"当然。"

"可以送些给我吗？"

"当然。不过快乐不能仅凭借几株藤萝，关键是要具备快乐的根。"

"埋在泥土中的根吗？"

"不，埋在心中的根。"老师傅说。

快乐既不需要依靠他人，也完全不必去借助外物，如果你把自己的心全部放到家人和工作、事业上，你的情绪就会完全被外物控制，这就失去了自我的愉悦。如果你把自己束缚在社会复杂的钱权关系之中，那你的错误世界观会让快乐烟消云散。

快乐就是藏在心中的根，只要能找到自己的根，并让它生根发芽，那么你就会是一个快乐的人。

放飞一只心情的风筝

什么是不生气？不生气就是心存简单，不痴心妄想、不矫情造作，它是一种潇洒自如的生活态度。顺其自然，不会为一些鸡毛蒜皮的小事耿耿于怀，更不去刻意掩饰什么或者戒备什么。如果说做事是越简单越有效，那么做人则是越简单越幸福。

有个弟子问著名的慧海禅师道："师父，你到底有什么与众不同的地方，能够活得如此潇洒自在呢？"慧海回答说："也没什么啊。如果说一定要有，那我与众不同的地方就是困了睡觉，饿了吃饭。"弟子大吃一惊，反问道："这算什么与众不同？每个人都是这样子的呀。"慧海听了呵呵一笑，说："我该吃饭的时候就是吃饭，其他的什么也不想，吃得安心舒坦。该睡觉的时候就睡觉，所以也从来不做噩梦，睡得轻松自在。"

在华人首富李嘉诚家人的眼中，最幸福的不是他们富可敌国的财富，而是一家人团聚之时。无论工作如何繁重，每逢星期一，李嘉诚一家人必定在深水湾家中吃一顿饭。吃得也很简单，就是清清淡淡的四菜一汤。吃饭时，两个儿子坐在李嘉诚两旁，经常你一言我一语，说得非常开心，一家人其乐融融地享受着天伦之乐。李嘉诚的小儿子李泽楷说："我觉得我很幸运，可能是其他人想不到的，我们的生活是那样简单，不是说简单就叫做非常好，而是简单原来就是非常幸福。"

在人来人往的世界里，你可曾拥有快乐自在？在你争我夺的环境中，你是否依旧怡然自得？在尘世喧嚣中，你的心灵是否压抑得太久了？

不要苦了自己的心灵，让它放飞吧，让它同风筝一样在自由的国度里想怎样飞就怎样飞吧！

不妨利用节假日，真的放一次风筝。在一片澄碧的天空下，白与蓝协调地搭配成一片美丽的风景。近处是深蓝色，很清纯；远处是淡蓝色，很淡雅。美丽的云朵很俏皮，一会儿靠近我们的风筝说悄悄话，一会儿又跑得远远的，把风筝抛在后面。

风筝放飞的是我们的心情。久居高楼中压抑的心情终于能在空中自由地劲舞，恣意享受着驰骋的快乐。感受着温暖的风伴着漂亮的风筝扶摇上升，快乐就犹如七彩烟花在空中绽放，透明的心境也随之在蓝色的天空尽情闪烁。朋友，我们好惬意，不是吗？

风筝放飞的是我们的梦想。在钢筋混凝土筑成的空间里，我们被搁置已久的梦想，终于能同心情一块上路了。让它飞吧，自由自在地飞吧！脚踏茵茵青草，头顶湛蓝天空，梦想怎能不飞呢？

风筝放飞了我们的情感。在这样风和日丽的日子，且让我们把美丽的情愫系于风筝之线，让它在广阔深情的天空下洗礼得更加圣洁。

放飞一只心灵的风筝，让它在美丽的蓝天下尽情飞翔，让美丽的天空不再空荡；放飞一只心灵的风筝，让它在湛蓝的天空里愉快欢唱，让我们的世界不再孤寂；放飞一只心灵的风筝，让它在心灵的城堡里快乐尽舞，让我们的生活不再烦闷枯燥。

简单也是一种美，是一种朴实且散发着灵魂香味的美。为什么不让心灵过一种简单的生活呢？

　　简单不是粗陋，不是做作，而是一种真正的大彻大悟之后的升华。

　　现代人的生活过得太复杂了，到处都充斥着金钱、功名、利欲的角逐，到处都充斥着新奇和时髦的事物。被这样复杂的生活所牵扯，我们能不疲惫吗？

　　梭罗有一句名言感人至深："简单点儿，再简单点儿！奢侈与舒适的生活，实际上妨碍了人类的进步。"他发现，当他生活上的需要简化到最低限度时，生活反而更加充实。因为他已经无需为了满足那些不必要的欲望而使心神分散。

　　简单地做人，简单地生活，想想也没什么不好。金钱、功名、出人头地、飞黄腾达，当然是一种人生。但能在灯红酒绿、推杯换盏、斤斤计较、欲望和诱惑之外，不依附权势，不贪求金钱，心静如水，无怨无争，拥有一份简单的生活，不也是一种很惬意的人生吗？

　　生活未必都要轰轰烈烈，"云霞青松作我伴，一壶浊酒清淡心"，这种意境不是也很清静自然，像清澈的溪流一样富于诗意吗？生活在简单中自有简单的美好，这是生活在喧嚣中的人所渴求不到的。晋代的陶渊明似乎早已明了其中的真意，所以有诗云：结庐在人境，而无车马喧。问君何能尔？心远地自偏。采菊东篱下，悠然见南山。山气日夕佳，飞鸟相与还。此中有真意，欲辩已忘言。

简单的生活其实是很迷人的：窗外云淡风轻，屋内香茶萦绕，一束插在牛奶瓶里的漂亮水仙穿透洁净的耀眼阳光，美丽地开放着；在阳光灿烂的午后，你终于又来到了年轻时的山坡，放飞着童年时的风筝；落日的余晖之中，你静静地享受着夕阳下清心寡欲的快乐……

重拾童真，心里永远住着那个孩子

生活中的乐天派，不论遇到好事坏事，整天都笑嘻嘻的，好像一个孩子一样。家人说他是个长不大的孩子，整天没个正经，而他自己则说，之所以能每天过得很开心，就是因为自己还是个"孩子"，还有一颗"童心"。

耶稣曾经抱起孩子告诫众人："除非你们改变，像孩子一样，否则你们绝不能成为天国的子民。因为天国的子民正是像他们这样的人。"孩子是快乐的天使，幸福的吉祥物，和他们在一起，你会感到年轻许多。

有的人说孩子之所以快乐，是因为他们只知道玩乐，而不用像大人们一样整天要考虑衣食住行。其实并非完全如此，孩子也有他们的心事，他们要考虑的事也很多，诸如：如何才能取悦家长，如何才能不让老师发现小秘密，和小朋友到哪里去玩，等等。他们之所以整天无忧无虑，一则是因为他们考虑事情不像大人那样复杂，只能"简单"从事，许多对于大人来讲毫无兴趣的事在他们眼里却充满快乐与幸福。

有位老师曾问他七岁的学生："你幸福吗？"

"是的，我很幸福。"她回答道。

"经常都是幸福的吗？"老师再问道。

"对，我经常都是幸福的。"

"是什么使你感到如此幸福呢？"老师接着问道。

"是什么我并不知道，但是，我真的很幸福。"

"一定是什么事物带给你幸福的吧！"老师追问道。

"是啊！我告诉您吧。我的伙伴们使我幸福，我喜欢他们。学校使我幸福，我喜欢上学，我喜欢我的老师。还有，我喜欢上教堂。我爱姐姐和弟弟。我也爱爸爸和妈妈，因为爸妈在我生病时关心我。爸妈是爱我的，而且对我很亲切。"

在孩子的眼中，一切都是美好的，身边的一切，小朋友、学校、教堂、爸妈，等等都带给她幸福感，都让她快乐。这是一种单纯形态的幸福，是人们在生活中苦苦追寻的幸福无法比拟的。

孩子们快乐，还因为他们对任何事情都拿得起，放得下。和小朋友吵架了，他们很快就会忘掉，不会记仇；挨家长训斥了，即使是哭了，也会很快就破涕为笑；受到老师批评了，他们也不会老是怀恨在心。他们当哭则哭，当笑则笑，受到表扬，便高兴得又蹦又跳，受到批评便掉泪，绝不会掩饰和做作。

孔子说："三人行，必有我师焉。"孩子是我们学习的榜样，保持一颗童心，可以让我们返老还童。人一天天长大，往往会被世界的琐事烦扰不止，人越是成熟就越是复杂，因此童年时期的快乐心法是我们应该重新捡拾的。

虽然我们不能再回到童年的那个年龄，但我们可以经常回忆童年趣事，拜访青少年时期的朋友和同学、老师。如果有机会还要去看一看童年家乡、玩耍的旧地，旧事重提，旧友相聚。那样，我们才会重拾童真的快乐，重回纯洁无邪的开心时刻。

不要成为不良情绪的扩散者

周华健有一首名为《最近比较烦》的歌，深得人们喜爱，因为这首歌表现了现代人的真实感受，唱出了多数人的心声。随着经济的发展，生活水平不断提高，我们的感觉不是快乐与日俱增，却凭空增加了许多烦恼悲伤，笑声越来越少。这又是为什么呢？

有一次，一个女人回家时在电梯镜子里看到一张充满疲惫、灰暗的脸，一双紧锁的眉头，下垂的嘴角，忧愁的眼睛。这把她自己吓了一大跳。

于是，这个女人开始想，当孩子、丈夫面对这种愁苦暗沉的面孔时，会有什么感觉？假如自己面对的也是这样的面孔时，又会有什么反应？接着她想到孩子在餐桌上的沉默、丈夫的冷淡，原来传染不良情绪的人竟是自己？当时这个女人吓出一身冷汗，为自己的疏忽。

当晚女人便和丈夫长谈，第二天就写了一块木牌钉在门上提醒自己。结果，被提醒的不只是她自己，而是一家人，后来影响到整个楼的人。

这块木牌上的字很少，只有两行：进门前，请抛去烦恼；回家时，带快乐回来。

这是一个很有智慧、很可爱的女人。家，应该是最舒服、安全、稳定、快乐的地方。下次你回家时，不妨先对自己说：进门时先抛去烦恼，更记得要把快乐带回家。

在现实生活中，困扰我们的烦恼在我们的心中，它如一片阴沉沉的云，让人透不过气来。

法国作家拉伯雷说过这样的话："生活是一面镜子，你对它笑，它就对你笑；你对它哭，它就对你哭。"如果我们整日愁眉苦脸地生活，生活肯定愁眉不展；如果我们爽朗乐观地生活，生活肯定阳光灿烂。朋友，既然现实无法改变，当我们面对困惑、无奈时，不妨给自己一个笑脸，一笑解千愁。

俄国生理学家巴甫洛夫说过："忧愁悲伤能损坏身体，从而为各种疾病打开方便之门，可是愉快能使你肉体上和精神上的每一现象敏感活跃，能使你的体质增强。药物中最好的就是愉快和欢笑。"

笑声还可以治疗心理疾病。印度有位医生在国内开设了多家"欢笑诊所"，专门用各种各样的笑——"哈哈"开怀大笑、"吃吃"抿嘴偷笑、抱着胳膊会心地微笑等来治疗心情压抑等各种疾病。在美国的一些公园里辟有欢笑乐园。每天有许多男女老少在那里站成一圈，一遍遍地哈哈大笑，进行"欢笑晨练"。

笑不仅具有医疗作用，而且生活中它还能产生人们意想不到的用途。有个王子，一天吃饭时，喉咙里卡了一根鱼刺，医生们束手无策。这时一位农民走过来，一个劲地扮鬼脸，逗得王子止不住地笑，终于吐出了鱼刺。

雪莱说过："笑实在是仁爱的表现，快乐的源泉，亲近别人的桥梁。有了笑，人类的感情就沟通了。"笑是快乐的象征，是快乐的源泉。笑能化解生活中的尴尬，能缓解工作中的紧张气氛，也能淡化忧郁。

一对夫妻因为一点生活琐事吵了半天，最后丈夫低头喝闷酒，不再搭理妻子。吵过之后，妻子先想通了，想和丈夫和好，但又感到没有台阶可下，于是她便灵机一动，炒了一盘菜端给丈夫说："吃吧，吃饱了我们接着吵。"一句话把正在生闷气的丈夫给逗乐了。见丈夫真心地笑了，妻子自己也乐开了。就这样，一场矛盾在笑声中化解开来。

既然笑声有这么多的好处，我们有什么理由不让生活充满笑声呢？不妨给自己一个笑脸，让自己拥有一份坦然，还生活一片笑声，让自己勇敢地面对艰难，这是怎样的一种调解，怎样的一种豁达，怎样的一种鼓励啊！

有一句名言说："不仅会在欢乐时微笑，也要学会在困难中微笑。"人生的道路上难免遇到这样那样的困难，时而让人举步维艰，时而让人悲观绝望。漫漫人生路有时让人看不到一点希望，这时，不妨给自己一个笑脸，让来自于心底的那份执着鼓舞自己插上理想的翅膀，飞向最终的成功；让微笑激励自己产生前行的信心和动力，去战胜困难，闯过难关。

清新、健康的笑，犹如夏天的一阵大雨，荡涤了人们心灵上的污泥、灰尘及所有的污垢，显露出善良与光明。笑是生活的开心果，是无价之宝，但却不需花一分钱。所以，每个人都应学会笑对生活。

每一次的挫折都是一次成长

一个能够在一切事情与他相悖时微笑的人，表明他是胜利的候选者。因为这种举动，普通人是做不到的。

1.学会在逆境中微笑

当生命像流行歌曲般地流行，那不难使人们觉得欢欣。但真有价值的人，却是那些能在逆境中依然微笑的人。

一个能够在一切事情十分不顺利时微笑的人，要比一个一面临艰难困苦勇气就要崩溃的人多占许多胜利的先机。

有许多人往往在他们能力范围以内也不能实现目标、取得成功，就因为他们是那些败坏事业的感情的俘虏。

忧郁、阴沉、颓废的人，在社会上不受人重视。没有人愿意同他待在一起；每个人见了他，都只是看看他，然后很快就离开他。

我们不喜欢那些忧郁、阴沉的人，正像我们不喜欢不协调的画作一样。我们会本能地趋向于那些和蔼可亲、趣味盎然的人。要想人家喜欢我们，首先我们要使自己变得和蔼可亲和乐于助人。

人不应该把自己降为感情的奴隶。不应把全盘的生命计划、重要的生命问题，都去同感情商量。无论我们周遭的事情如何不顺，我们都应笑对逆境，努力去支配环境，让自己从不幸中振作起来。我们应背向黑暗，面对光明。这样，阴影自会留在我们的后面！

不少人都是自作孽者，因为他们时时以颓丧的心情、不好的情感来破坏、阻碍自己的生命游戏。一切事情的成功，全靠我们自己的勇气，全靠我们对自己有信心，全靠我们自己抱着乐观的态度。然而一般人却不明白这一点，当事情不顺利时，当他们遇到不幸的日子或痛苦的经历时，他们往往会听任颓废、怀疑、恐惧、失望等思想主宰自己，刹那之间破坏多年经营的事业计划！这真像向上爬的井蛙，辛辛苦苦地向上爬，但是一失足就前功尽弃了。

一切学问中的学问，就是怎样去肃清我们心中的敌人——平安、快乐和成功的敌人。时时学习着去集中我们的心志于美而不于丑，于真而不于伪，于和谐而不于混乱，于生而不于死，于健康而不于疾患——这是人生中必修的一门功课。这不是容易的一件事，但总是可能的，只要我们能养成一些正确的思想方法就够了。

假如我们能够绝对拒绝那些夺去我们快乐的情感魔鬼；假如我们能敞开自己的心扉，绝不让黑暗闯入；假如我们能明白，这些心魔的存在只是我们自己为它们提供了方便，那么它们就不会再光顾我们了。努力养成一种愉快的修养！假如我们本来没有这种修养，只要我们能努力，不久就会具有这种美德的。

2.学会在逆境中崛起

乐观是一种在逆境中崛起的动力。有人曾问一位著名的艺术家，师从他习画的那个青年爱徒将来会不会成为一个大画家？他回答说："不，永远不！他每年都有不菲的收入。"这位艺术家知道，人的才艺只能从艰苦奋斗中锻炼出来，而在优越的环境中，这种精神很难发扬。

翻开历史就可以知道，大多数成功的人，早年往往是贫苦的孩子。

"不幸而生为富家之子的人，他们的不幸，是因为他们从开始就背负着包袱而赛跑的。"卡耐基说，"大多数的富家之子，总是不能抵抗财富所加于他们的试探，因而陷入不幸的命运中。这些人不是那些穷苦的孩子的敌手；对于这些小老板，你们'穷苦的孩子'无需害怕。但你们应当注意那些比你们还苦得多，甚至他们的父母不能给予他们以任何学校教育的孩子，一旦他们在事业上挑战你们，就有可能最终超越你们。应该注意着那些走出小学就得投身工作，而所做的又只是拖擦地板之类的工作的孩子，一鸣惊人而得到最后胜利的，往往都是这类人。"

为了脱离贫困的境地而奋斗，这种努力，最能造就人才。假使世人都是不为需要而强迫着去做工，人类文明恐怕直到现在仍处在很幼稚的阶段。

成功的人，大多是从困乏与需要的学校中训练出来的。大商人、大学校长、教授、发明家、科学家、实业家、政治家大多是为需要之鞭棍所驱策而向前，为想要提升自己的地位的愿望而导引向上。

能力是抗拒困难的结果，伟人都是从同困难的角斗中产生出来的。不愿同艰难挫折拼搏而要想锻炼出能耐来，是不可能的。

一个生活条件良好的幸运青年，将会这样对他自己说："我拥有的金钱已够我这一世受用了，我又何必要清早起来勤劳工作呢？"于是一个翻身他又呼呼地睡着了。而就在这个时候，另一个青年，一个除了他自己，在茫茫的世界中无可依赖的青年，会因需要的驱策而被迫离开床铺，从事劳动。他明白，除了奋斗以外，他别无出路，他不能依赖任何人，没有人能帮助他。他知道这是事关他的生死存亡的问题。

因此，一个生长于大富之家，时常依附于他人而无需自己的努力挣饭吃的青年，是罕见具有大本领的。富家子弟与贫困人家的孩子相比，往往会像林中的一棵弱树苗同一棵每一寸树干的长大都要饱受暴风骤雨吹打的高大的松树相比一样。

但是，贫困绝不是成功的必要条件，贫困的起点虽是好的，但也仅此而已，此外贫困便无意义。这正如健身房中的运动器械一样，它可以锻炼人的肢体。但只是在这种意义上，它是好的。贫困本身就是一种欠缺，假如一个人从贫困中挣脱出来，并且是通过诚实正确的实现的方式——那么是可以锻炼与造就伟人的。

微笑创造生命的奇迹

在台湾的一个博物馆，有这样一个牌子，上面写了两句话。前面一句是："本馆有摄像监视"，按照我们通常的逻辑，后面的一句话应该是类似"如有偷盗，罚款×元"这样的警示语言，但实际上后面的一句话是"请你随时保持微笑！"出乎意料之余仔细想想，这两句话让我们不由地赞叹这种从容而有风度、充满善意的忠告。

给他人一个小小的微笑，就能传达"祝你快乐"的信息。如果我们脸上随时面带微笑，那么周围的人就会投桃报李，就会有更多的笑容向我们绽放。当人们置身在这微笑的海洋中，人与人之间的陌生和隔阂就会冰雪消融，就会感觉春风习习、暖意盎然，自然就不会做出顺手牵羊的行为了。

当你向别人微笑时，实际上就是以巧妙的方式告诉他，你喜欢他，你尊重他，这样就容易博得别人的尊重、喜爱与信任。人人多一点微笑，世界就会多一些安详、融洽、和谐与快乐。

有一位叫珍妮的小姐去参加联合航空公司的招聘，她没有任何特殊关系，完全凭着自己的本领去争取。她被录用了，原因是：她的脸上总带着微笑。后来，那位人事经理微笑着对珍妮说："我宁愿雇用一名有可爱笑容而没有念完中学的女孩，也不愿雇用一个摆着生硬面孔的管理学博士。小姐，你最大的资本就是你脸上的微笑。"

"一副微笑的面孔就是一封介绍信"，我们处世要做到心态平和，乐观向上，善待人生，这样才会自然地流露出真诚的笑容。真诚的微笑最能打动人，会使我们产生一种无形的亲和力与人格的魅力，甚至还能给我们带来巨额的财富。卡耐基就这样说过："微笑不花费什么，但却永远价值连城。"

装潢富丽的科尼克亚购物中心即将开业了，让经理犯难的是，导购小姐工作装的款式迟迟没有定下来。他望着7家服装公司送来的竞标样品，尽管设计得各有特色，但还是感觉缺了点什么。为此他不得不打电话向他的老朋友——世界著名时装设计大师丹诺·布鲁尔征求意见。这位83岁的老人听明白朋友的意思后，说："穿什么制服并不重要，只要面带微笑就足够了。"凭借微笑的服务，科尼克亚成了巴黎最大的购物中心。

美国著名的"旅馆大王"希尔顿也是靠微笑发大财的。当初希尔顿投资5000美元开办了他的第一家旅馆，资产在数年后迅速增值到几千万美元。此时，希尔顿得意地向母亲讨教现在他该干什么，母亲告诉他："你现在要去把握更有价值的东西，除了对顾客要诚实之外，还要有一种更行之有效的办法：一要简单，二要容易做到，三要不花钱，四要行之长久——那就是微笑。"于是希尔顿要求他的员工，不论如何辛苦，都必须对顾客保持微笑。"你今天对顾客微笑了没有？"是希尔顿的名言。他有个习惯，每天至少要与一家希尔顿旅馆的服务人员接触，在接触中他向各级人员问及最多的也是这句话。即使在经济萧条最严重的1930年，全美的旅馆倒闭了80%，希尔顿的旅馆也连年亏损，希尔顿仍要求每个员工："无论旅馆本身遭遇如何，希尔顿旅馆服务员的微笑永远是属于旅馆的阳光。"微笑不仅使希尔顿公司率先渡过难关，而且带来了巨大的经济效益，使公司发展到在世界五大洲拥有70余家旅馆的规模，资产总值达数十亿美元。

人什么时候最美？就是在脸上浮现出一丝微笑的时候。微笑是一种含意深远的身体语言，是沟通人与人心灵的渠道。它可以缩短人与人之间的距离，化解令人尴尬的僵局，可以使别人从见到你的第一分钟起，就自然而然地产生一种安全感、亲切感、愉悦感。微笑就是如此富有魅力，如此招人喜爱。每一个发自内心的微笑，所具有的神奇力量往往是无法估量的。

玛丽小姐打开门时，发现一个持刀的男人正恶狠狠地盯着自己。玛丽灵机一动，微笑地说："朋友，你真会开玩笑！是推销菜刀吧？"边说边让男人进屋，接着说，"你很像我过去的一位好心的邻居，看到你真的很高兴，你要咖啡还是茶？"本来面带杀气的男人慢慢地变得腼腆起来，有点结巴地说："哦，谢谢！"最后，玛丽真的买下了那把明晃晃的菜刀，男人拿着钱迟疑了一下走了，在转身离去的时候，他说："小姐，你将改变我的一生。"

如果说这个故事无法考证真伪的话，那么《小王子》的作者安东尼的经历却是真实发生的，微笑把他从鬼门关中拉了回来。

第二次世界大战前，安东尼参加西班牙内战，打击法西斯分子，后来陷入魔掌。在监狱里，看守监狱的警卫一脸凶相，态度极为恶劣。安东尼认为自己第二天绝对会被拖出去枪毙，于是陷入极度的惶恐与不安中。他翻遍口袋找到一支香烟，却找不到火柴。他鼓起勇气向警卫借火，警卫冷漠地将火递给了他。

那刻骨铭心的一瞬间，被安东尼那细腻的文笔记录了下来："当他帮我点火时，他的眼光无意中与我的相接触，这时我突然冲他微笑。我不知道自己为何有这般反应，在这一刹那，这抹微笑如同鲜花般打破了我们心灵之间的隔阂。受到我的感染，他的嘴角也不自觉地现出了笑意，虽然我知道他原无此意。他点完火后并没有立刻离开，两眼盯着我瞧，脸上仍带着微笑。我也以笑容回应，仿佛他是个朋友。他看着我的眼神也少了当初的那股凶气……"尔后，两人聊了起来，对家人的思念和对生命的担忧使安东尼的声音渐渐哽咽。后来，看守一言不发地打开狱门，悄悄带着安东尼从后面的小路逃走了……微笑，就这样创造了生命的奇迹。

笑容是一种令人感觉愉快的面部表情，它可以缩短人与人之间的心理距离，为深入沟通与交往创造温馨和谐的氛围。因此有人把笑容比作人际交往的润滑剂。而在笑容中，微笑最自然大方，最真诚友善，是人类最美的表情。微笑虽然只是一个简单的动作，却可以表达多种积极的含义：歉意、支持、赞赏、安慰、关怀……因此，我们最应当问自己的一句话就是"我微笑着吗？"

为什么要随时面带微笑？因为保持微笑，至少有以下几方面的作用：一是放松身体。当你在生活中遇到身体的紧张状态时，在脸上漾出一个微笑，就能够化解自己的紧张；二是能够放松人的心理，放松人的情绪，放松紧张的思维；三是能够缓解痛苦、哀伤、忧愁、愤怒、难过、压抑等不良情绪；四是能够使一直处于紧张、僵化状态的思维活跃起来，甚至激发出灵感；五是能增加你的魅力，给你带来朋友，为你增加人生的机会，让你更容易成为一个成功者。

现在的社会中，竞争越来越激烈，人们的压力也越来越大。这种情况下，很多人已经笑不出来了，即使勉强笑一下，也是皮笑肉不笑，笑得比哭还难看。只有那些心态平常、与人为善的人，才能真正从内心深处发出真诚的微笑。因此，如果你想要用自己的微笑感染他人，还是先将心态调整好吧。

笑容是点亮希望的火苗

有首古诗写道："但愿此心春长在，须知世上苦人多。"现实中真的是有许多人感到自己活得很辛苦，生活中没有一点乐趣。正因为世人心中无"春"，所以才无快乐可言。其实人生是快乐的，只不过快乐深藏于心，不容易为人所发现而已。

荣启期在泰山，悠哉游哉，鼓琴而歌，孔子路过，问他为何这等快乐?

　　荣启期回答道:"天生万物,惟人为贵,我得为人,何不乐也?"

　　正如荣启期所说,生而为人即是一种快乐,快乐是人生的主题。只要我们用心去体会,以饱满的热情去对待生活,就能快乐地度过每一天。

　　许多人抱怨生活太清苦,许多人到外界去寻求快乐,而对身边的美景熟视无睹,其实只要用心生活,身边就有感动你的美景。

　　在春天,特别是早春,从春来发几枝的柳树上,从重新披上绿装的大地上,从水光潋滟的湖面上,从鸟雀叽喳的瓦房屋顶,从万物萌发的郊外,从身边女人和孩子们的身上,你随处都能感受到风景的存在,让心灵享受美的熏陶。只要用心,你也能体会到"夹岸桃花三两枝,春江水暖鸭先知。蒌蒿满地芦芽短,正是河豚欲上时"的美景。

　　在夏天,你可以去体会万物在骄阳下傲然挺立的飒爽英姿。如果是晴空万里,你可以去河边体会"水光潋滟晴方好"的诗意;如果是雨天,你则可以去感受"山色空蒙雨亦奇"的意境。

　　秋天是一个收获的季节,更是好景连连,正如古人所说:"一年好景君需记,最是橙黄橘绿时。"看着院里挂满果实的梨树,你能不开心?闻着空气中弥漫着果实的芳香,你能不开心?

就是看看满街的落叶，也会带给你无穷的遐想，你也没有不开心的理由。

冬天总是给人一种肃杀寂静的感觉，似乎让人压抑，其实不然，冬天也有冬天的美丽。比如去看雪，体会陈毅诗中那种"大雪压青松，青松挺且直"的诗意，不也是很美、很让人振奋吗？即使去看那光秃秃的树，在凛冽的西风的肃杀中沉着坚持的样子，也能让人感受到力量和希望。享受着这一切，你能说冬天不美吗？

只要你愿意，只要你有心，你随时都可以感到愉快。你可以在阵雨中歌唱，使音乐充满你的心灵；你可以在烈日中独行，让阳光洒满你的心灵；你可以在风中散步，让风儿吹散你心中的不快，你可以……总之，只要你愿意，快乐随时都会陪伴着你。

汤姆已经年近四十了。在这段时间里，从早上起来，到他要上班的时候，他很少对自己的太太微笑，或对她说上几句话。汤姆总觉得自己的心情不好。

后来，在汤姆参加的继续教育培训班中，他被要求准备以微笑的经验发表一段谈话，他就决定亲自试一个星期看看。

现在，汤姆要去上班的时候，他记住要让自己的心情好起来，他就会强迫自己改变过去的形象，显得心情很好的样子对大楼的电梯管理员微笑着，说一声"早安"；他以微笑跟大楼门口的警卫打招呼；他也对地铁的检票小姐微笑；当他站在交易所时，他甚至对那些以前从没有见过自己微笑的人微笑。

汤姆很快就发现，每一个人也对他报以微笑。他以一种愉悦的心情来对待那些满肚子牢骚的人。他一面听着他们的牢骚，一面微笑着，于是问题就容易解决了。汤姆发现微笑带给了自己更多的收入，每天都带来更多的钞票，而且自己的心情越来越愉快，每一天都很快乐，生活充满了幸福感。

汤姆跟另一位经纪人合用一间办公室，对方是个很讨人喜欢的年轻人。汤姆告诉那位年轻人最近自己在心情方面的体会和收获，并声称自己很为所得到的结果而高兴。那位年轻人承认说："当我最初跟您共用办公室的时候，我认为您是一个总是闷闷不乐的，心情很糟糕的人。直到最近，我才改变看法：当您微笑的时候，很慈祥。"

是的，我们的心情会改变我们的形象。有了好的心情，我们就会多一点笑容，而我们的笑容就是我们好意的信使。我们的笑容能照亮所有看到它的人。对那些整天都皱着眉头、愁容满面的人来说，我们的笑容就像穿过乌云的太阳，让一切焕发生机，让世界充满欢乐。

当我们抱怨为什么自己失败多于成功的时候，不妨反思一下，我们是不是心情差的时候多于好的时候呢？其实一切取决于你自己。只要学会微笑，学会给自己一个好心情，你就已经迈出了成功的第一步。

冬天已经来了，春天还会远吗

人活着愉快，就得烦恼少；要烦恼少，心胸就得阔大一些、宽广一些，学会宽恕自己和宽容别人，这就叫作宽舒人生。本来，生活就应该从容不迫，悠然自得。

人要活得宽舒，首先就得接受自己和自己的天性，不会对自己要求过分苛刻，也不会因看不起自己而焦虑不安。遇到不幸和灾祸，他们会像其他人一样痛苦，但是他们能够想得开，而且能照常生活。他们也不像有些人那样，为可能发生的灾祸忧心忡忡，他们会做一些必要的准备，但是不会为此身心憔悴。

宽舒人生者活得很随意，他们摸透了自己的脾气，知道自己的欲望和观点，干什么事都不用先去调查求证，或者察言观色，他们只管我行我素，走自己的路。

同时，宽舒人生者非常能够容忍他人，容忍自己所不知道的东西。他们知道生活是变化无常的，这是个人所无法改变的现实，人不但要接受这种现实，而且还要从这种现实中找到乐趣，大可不必提心吊胆、顾虑重重地生活。对于自己不懂的事情，他们总是采取承认的态度，承认之后再去慢慢琢磨它，了解它。

因为这种容忍，宽舒人生者与他人的关系比较融洽，因为他们能平易自然地与各种各样的人相处，而不管这些人的年龄、教养和性格特点。由于他们是按照人的本来面目，而不是按照自己的要求去待人接物的，所以他们很少会对别人感到失望，更不会吹毛求疵，总觉得别人不够格——如果这样，少不了自己肝火上升，心跳加快。比如，有一位教授是一个工作迷，经常早出晚归，并且耽误家里的事，但是他妻子却过得很宽心，她说："当我们结婚的时候，我就明白他这种脾气改不了了，所以他经常很晚回家，甚至在实验室里度过星期六和星期天，我也不会感到太难受。"

有了豁达，才有了人生的舒展和舒服，这就是舒展人生的含义。所以人生的宽舒是一种建立在认识现实基础上的心安理得的生活方式。宽舒就是不抱怨，而不是虚假的开心、欺骗的豁达和不老实的异想天开。宽舒人生者是实事求是的，不会通过玫瑰色的眼镜来看待生活。宽舒人生表现了一种健康优美的人性。

有位名人说过："没有永久的幸运，也没有永久的不幸。"挫折虽然令人忧愁，令人不快，甚至给人不断的打击，但挫折的一个致命弱点，就是它不会持久存在。所以那些接二连三地遇到倒霉事件，哀叹自己"倒霉透顶"的人，一定要相信——冬天已经来了，春天还会远吗？

第六辑
愤怒是自己无能的表现

一个不会愤怒的人是麻木的人，一个只会愤怒的人是蠢人，一个能够控制自己情绪、做到尽量不发怒的人是聪明人。愤怒是自己无能的表现，聪明人善于运用理智疗愈坏情绪的伤口，将情绪引入正确的表达渠道，使自己按理智的原则控制情绪、驾驭情感。

别说坏脾气是天生的，那是你的借口

有的人脾气很坏，主要的表现就是动不动就发脾气。生气之后也总是很后悔，所以总是想办法去改自己的脾气。

有一个人脾气很坏，常常因得罪别人而懊恼不已，所以一直想将这暴躁的坏脾气改掉。后来，他决定好好修行，改变自己的脾气。于是他花了许多钱，盖了一座庙，并且特地找人在庙门口写上"百忍寺"三个大字。这个人为了显示自己修行的诚心，每天都站在庙门口，一一向前来参拜的香客说明自己改过向善的心意。香客们听了他的说明，都十分钦佩他的用心良苦，也纷纷称赞他改变自己的决心。

这一天，他一如往常站在庙门口，向香客解释他建造百忍寺的意义时，其中一位年纪大的香客因为不认识字，向这个修行者询问牌匾上到底是写了些什么。修行者回答香客说："牌匾上写的三个字是'百忍寺'。"香客没听清楚，于是再问了一次。这次，修行者的口气开始有些不耐烦："上面写的是'百忍寺'。"等到香客问第三次时，修行者已经按捺不住，很生气地回答："你是聋子啊？跟你说上面写的是'百忍寺'，你难道听不懂吗？"

香客听了，笑着说："你才不过说了三遍就忍受不了了，还建什么'百忍寺'呢？"

这个人最后无奈地说："哎，我这个脾气看来是改不了啦。"

大多数人生气之后也后悔，但是很少认错，往往会为自己找借口。他们常说："我天生就这脾气，我实在是没办法。"说这话的目的是为自己开脱，求得别人的原谅。

当一个人总是动不动就发脾气，看起来是无可控制时，有时候，我们也会纳闷，难道脾气真的是天生的吗？真的是无可改变的吗？一个人习惯于说自己"就这脾气"时，当我们数十遍地劝谏都无济于事之后，也许我们就会疑惑起来，难道他的脾气真是天生的吗？

先来看一个有关禅宗的故事吧。

禅师说法时不仅浅显易懂，也常在结束之前，让信徒提问题，并当场解说，因此不远千里慕名而来的信徒很多。

有一天，一位信徒请示禅师说：

"我天生暴躁，不知要如何改正？"

禅师："是怎么一个天生法？你把它拿出来给我看，我帮你改掉。"

信徒："不！现在没有，一碰到事情，那'天生'的性急暴躁，才会跑出来。"

禅师："如果现在没有，只是在某种偶发的情况下才会出现，那么就是你和别人争执时，自己造就出来的，现在你却把它说成是天生，将过错推给父母，实在是太不公平了。"

信徒经此开示，会意过来，再也不轻易发脾气了。

这个故事说明了一个浅显的道理，即：没有天生的脾气。任何人只要有心，没有改不了的坏脾气。

从科学的角度来说，人之所以暴躁爱发怒，是和大脑神经系统有关。

10岁左右的青少年，正处于大脑前额叶皮层（在前额骨后）发育的阶段，大量的神经连接正处于"改造"之中，而大脑前额叶皮层对感情、道德等情绪有影响，并负责产生行动的神经冲动。大脑的其他部分，在这一年龄阶段之前就基本发育完毕，前额叶皮层是大脑最后发育的部分，发育过程伴随整个青春期。这就导致了发育期的青少年有感情判断失常、举止暴躁等表现，如果他们能顺利度过这一阶段，那么一切就会恢复正常了。也就是说，十几岁的孩子为自己开脱可以原谅，而一个成年人说无法控制自己的情绪，是毫无根据的。

脾气并非天生，生活就是心灵的修炼场，想要改变自己，应当从改变心境做起。每天进步一点点，过一段时间你就会发现自己已经进了一大步。

阳光这么好，何必自寻烦恼

俗话说，人生不如意事十之八九。任何人都会遇到烦心的事情，从平民百姓到达官贵人，从小商小贩到白领精英，谁都会碰上一些不如意的事情。一旦不如意，就会不高兴；一旦不高兴，就会烦躁不安。这种情绪再继续发展，就会成为烦恼。可自己的烦恼对于解决事情来说起不到一点作用，反而在发展到恼羞成怒以后还会给自己带来更大的烦恼。

1.你不找烦恼，烦恼不会来找你

生活中，我们所遇到的烦恼，很多都是不可避免的。我们都是社会上的人，经常在社会中穿梭行走，不会有事事都合自己心意的情况出现。俗话说得好，"人在江湖飘，哪能不挨刀"。即使你是头顶吉星的神仙，也会有不小心跌下云头的时候，何况我们这些凡人。但还有一些烦恼，是可以避免的，或者说原本就是我们在自寻烦恼。

春秋时期的杞国，有一个胆子特别小的人。他整天神经兮兮的，经常问别人一些奇怪的问题，让人们觉得莫名其妙。有一天，他在自己家里没有事情干，左看右看，抬头看到了头顶的天。他突然想到：这么大的天，要是突然掉下来了该怎么办？我们岂不是通通都要被压死？

从此以后，他被自己的这个念头折磨得痛苦不堪，终日茶饭不思，忧愁烦恼。朋友们见他天天神情恍惚不知道他在想些什么，都很担心。终于有一天，当他又想起这个问题的时候，有个朋友忍不住问道："你最近是怎么了啊，总是这副样子，是不是遇到什么烦心事儿了啊？"

这个人苦着脸将自己的疑问告诉了朋友。朋友一听哈哈大笑："天怎么会塌下来呢，你也想太多了吧？再说了，就算是天真的塌下来了，你光自己在这里忧愁发呆就可以解决问题了吗？"

这个人觉得自己的朋友是在嘲笑自己，并没有理他。朋友见状很是无奈，只得放任他一天天冥思苦想下去。

上面讲的就是"杞人忧天"的故事。这个故事告诉人们：很多时候，我们烦恼的根源都在于自己的内心。自寻烦恼的人是可悲的，不该自己担心的事情，非要操心；不可能发生的事情，非要唉声叹气地想象事情发生的后果。自己愁眉不展的同时也影响了周围人的情绪，让他人对你心生厌恶。所以当我们遇到自己无法解决的客观上的烦恼时，那就不要再想，任由它去。"天要下雨，娘要嫁人"，很多时候顺其自然是最好的解决方法。你不去寻找烦恼，烦恼自然不会跑来找你。

2.远离烦恼便可快乐地生活

有些人总是为一些芝麻绿豆大小的事情感到烦恼，而且往往在抓不住头绪的时候朝着不利于事情发展的方向思考。其实这样的行为有点可笑，自寻烦恼只能给自己带来心灵上的困扰，无端的忧虑并不能解决问题，反而只会让你心情沮丧。时间久了，就容易滋生消极的人生态度。所以，当这种消极的情绪来临的时候，让我们展露自己最阳光的笑颜，坚决对它说："不！"我们绝不可以像下面寓言故事中的农夫一样自寻烦恼：

一个农夫要过河去给对面村子的居民送一些东西。那天的天气很热，农夫划着小船累得满身大汗，苦不堪言。但是为了尽快将东西送到并且在天黑前返回自己家中，他根本来不及擦汗，只管加紧摇动手中的船桨。突然，农夫发现在他前面有一条沿河而下的小船迎面向他行驶过来，农夫眼睁睁地看着那条船直直地向自己的船撞过来，丝毫没有避让的意思。农夫生气地大吼："给我让开！快点让开！"但是他这吼叫完全没用，对面的小船根本不把他的话当回事儿，依然顺流而下。农夫更加生气："你快要撞上我了！"他一边吼叫，一边自己动手避让对方的小船。但是那只船还是重重地撞在了农夫的船上。农夫的船被撞得一阵颤抖，差点翻了过去。农夫愤怒地冲着那只船吼道："这么宽的河面你都能撞到我，你怎么开船呢，长眼睛没啊！"农夫话音刚落，就瞠目结舌地愣住了：那条船上空无一人，他大声叫骂的只是一只空船而已。

大多数情况下，我们就像这个农夫一样，愤怒和发火很可能只是因为一件丝毫不存在的事情。事实上，事情根本没有我们想象中的那么糟糕，甚至有些是根本不需要放在心上的。但很多人却非要把这些丝毫不用关心的事情作为无法排遣的抑郁放在心中。

如果你经常陷在杞人忧天、自寻烦恼的情绪里面，只能说明你的内心是消极和悲观的。一个人对生活的态度是他心灵想法的折射，让自己的内心经常保持一种乐观和积极的状态，避免在做事情之前患得患失，做事情之后左右掂量。未来的事情还没有来到，过去的事情会永远地过去，再怎么想都是无济于事的。凡事想得开一些，积极进取地向新的人生高度挑战，才能远离烦恼的根源。

谁都不会永远做自己喜欢的事情，谁都要被迫做一些不愿意做的事情。这是我们无法避免的问题，但是我们有足够的能力让自己从这件不爱做的事情中发掘出值得我们高兴和开心的元素，这样我们就会获得更大的生活乐趣，从而摆脱自寻烦恼的负面心境。

适度地泄愤就像暴雨净化空气

怒气是不可以长期积压的。布洛伊尔和弗洛伊德发现，在心理治疗过程中，凡是病人能够得到较好的精神疏泄时，病情都会有明显的好转。所以，他们认为只有把这些积郁的东西"净化"后，才会收得较好的疗效。在现实生活中，我们也会看到有些心胸开阔、性情爽朗的人，他们心直口快把自己的不愉快情绪或心中的烦闷诉说出来。这种人的心理矛盾能获得及时解决。可是我们也常看到心胸狭窄的人，爱生气，心中总是闷闷不乐。由于心理冲突长期得不到解决而发生心理疾病。

一般说来，把怒气发泄出来比让它积郁在心里要好。根据哈坎松1969年的一项研究成果，当人发怒时血压会迅速升高，而当他通过各种方式，如大喊大叫、号啕痛哭或采取报复行动等将怒气发泄出来时，血压又会很快恢复正常。相反，倘若他们将怒气强压下去，那么，他们的血压则需要相当长的时间才能恢复到正常水平。此外，让怒气积郁在心中对心脏的健康尤其不利，是诱发冠心病的主要原因之一。以上只是指出一个事实而已，它并不意味着我们在同别人发生冲突时应该凭感情行事，毫无顾忌地对别人采取攻击行动。心理学家认为，一个人的身体状态是受其心理和精神状态所影响的，大约有一半以上的疾病是由心理和精神方面引起的。因此，掌握心理平衡对人的健康是非常重要的。

从心理健康的角度来看，长期积压怒气会影响身心健康，怒气长时间得不到排解就可能变成忧郁情绪。发脾气可造成神经系统紧张，使内分泌处于亢奋状态，甚至可能引发疾病；从人际关系角度看，一场脾气发下来，别人不仅会敬而远之，多年的交情甚至可能因此了结。一个懂得如何发脾气、正确发泄自己不满的人，才是一个心理成熟、健康的人。喜怒哀乐本是人之常情，没有理由强迫自己控制情绪而忽视甚至是否定自己的感受。许多心理专家鼓励人们自然宣泄情绪，有气就发出来，不要闷在心里。但随便乱发脾气毕竟是损人不利己的行为，所以，每个人最好了解自己的情绪，寻找适当的宣泄方式。

公元前284年，燕国大举进攻齐国。名将乐毅率大军连下齐国七十余城。最后齐国只剩下莒、即墨两城，已经面临灭国之灾。乐毅将两城池包围后，采取攻心战术，以和平解决齐国这最后两城为上策，乐毅令部队撤至两城外九里处筑垒，对城中出来的齐国百姓不去骚扰，甚至对其中的贫困者给予救济，慢慢争取民心。

恰巧此时燕昭王去世，燕惠王继位，齐国守将田单获此消息后，立即派人到燕国散布谣言，燕王立即派大将骑劫换回乐毅。田单再生一计，派人散布谣言说，即墨人最怕燕军割掉战俘的鼻子并将他们置于阵前。骑劫听到后，认为此办法不错，当即下令将降卒的鼻子全部割掉，并将他们排列在阵前。这一下，骑劫中计了。即墨城中的军民见燕军如此残酷地对待战俘，人人愤怒不已。田单又派人散布谣言说，即墨人的先人坟墓都在城外，他们害怕燕军挖掘坟墓，侮辱先人。骑劫不假思索又命令将城外的坟墓全部挖开，将死人弄出来焚烧。城中军民见燕军如此丧尽天良，无不痛心疾首，个个义愤填膺，纷纷要求与燕军拼命。田单见时机已到，做好作战部署，一场火牛阵烧得燕军一败涂地。田单乘胜追击，一举收复了齐国所有失地。

割战俘的鼻子、挖掘齐国人的祖坟等不义之举，不但没有恐吓住齐人，反而激起了他们的极大愤慨，决心与燕军拼个鱼死网破。齐军的愤怒极需要宣泄，战场上的英勇作战成为齐军士兵宣泄的途径。

我们应该承认，人受了委屈或者憋了一肚子气时，常常需要"释放"怒气，正如火山需要喷发，因此，"宣泄"并不奇怪。其次，我们得承认，选择什么样的宣泄方式，常常会因人而异，比如，理智者会冷静而从容地调整自己的心态；鲁莽者会因其冲动而"莫名其妙"地误伤他人；愚蠢者会莫名其妙地走向极端，甚至采用不可取的自罚形式。这就是一句老话所说，生气时踢石头，疼的是脚趾头。

不信你看，妻子有什么错？儿子有什么错？小狗有什么错？他们平白无故地挨打、挨骂、挨踢，不就是宣泄者的方式不对吗？由此可见，莫名其妙的宣泄，常常会使人感到不近情理，这样的发泄，也只能被视为一种糊涂，一种可怜巴巴的"孩子气"。

让清凉的春风把苦恼吹跑，让夏日的流水把苦闷冲走，让优美的歌声给你个诗意，让书中的乐趣送你份安定，如此赶走"苦闷"，不也是一种人生的境界与智慧吗？

其实，倾诉宣泄法属于心理释放法，不良的情绪能量通过一定渠道释放掉，心理压力自然恢复平衡。

摔打一些无关紧要的物品能够有效地宣泄，对天空大喊也可以缓解一下自己的冲动。如果你愿意，可以跑到楼下，再爬上楼，每步登两个台阶，跑步上楼更好。还可以与别人聊聊天。在日常生活或工作中，经常会产生一些矛盾或意见，这很容易使人发怒。如果我们把心中的不满或意见坦率地讲出来，既可泄怒又可以通过批评与自我批评增强同事间的团结。或者讲给自己信得过的朋友，你大都会得到安慰。这种释放的方法也是很可取的。

不过，砸东西、踢家具等借着外物转移情绪，虽然可以暂时舒解怒气，但许多人开始担心会不会演变成暴力行为性格。专家认为，若不去察觉情绪的细微变化，而总是以宣泄方式排解，其实怒气并没有真正被消化，反而会形成恶习，重复发生。

说到这里，自然而然得劝说您将宣泄与怨恨分开。怨恨导致更怨恨，报复导致更大的报复。你已经给予了受你报复的人太多的痛苦和仇恨，他有足够的理由展开对你的报复行动。不论你做多少事情，说多少悔过的话，都改变不了同样的命运。一旦你从复仇中离开的时候，你才会领悟到，自己已经远离了生气的目标——为了解决问题而不是诞生新问题。消极的情绪在宣泄之后，除了生气之外，你还会给自己积累上复仇、罪恶感、痛苦、怨恨、伤害等感觉，这足以在伤害对方的同时也毁了你自己。

所以做人实在不得不时时警觉，千万别让自己不可控制的性情毁灭了自己。

拓宽视野看问题，许多负面情绪反而可以成为动力来源，特别是怒气。但有些方法并不是对每个人都适合的，所以要自己创造一些宣泄方法。

找人谈一谈。当压力越来越大，心情越来越糟时，不妨与家人、好朋友或当事人聊聊。倾诉是改善不良心情的最好方法。但这时要注意原则，掌握分寸。不该说的隐私、涉及人际关系的事、面对不能对其畅谈的人，等等，都不能为图一时心情痛快把心里话全倒出去，以免将来给自己留下麻烦。

还可以写信，可以像拳击队员一样对沙袋之类的物品猛击，可以大哭一场，可以唱唱卡拉OK，还有参加体育活动、朋友聚会、逛商店、休假、外出旅游，等等，都可以在一定程度上改换自己的不良心情。

阿Q精神也是一种宣泄。看开点，实际点，凡事别想太多的后果，越想越烦恼。对某些事，把它想到最坏，并告诉自己"不过如此，还能怎样呢"，这样你反而轻松了。以前跑江湖的人常说一句话：脑袋掉了不过碗大个疤。这话听起来令人害怕，但江湖中人这种洒脱的习性值得借鉴。也不要给自己定过高的目标，是自己的不用争也跑不了，不是自己的争也争不来。即使争来了，付出与所得之比是不是合算呢？

除了宣泄以外，还要自己寻找乐趣，如：蹦迪、看足球比赛、打牌，等等。只要有兴奋点，就能使你快乐。

你的烦恼九成是自找

人的烦恼一半源于自己，即所谓画地为牢，作茧自缚。芸芸众生，各有所长，各有所短。争强好胜失去一定限度，往往受身外之物所累，失去做人的乐趣。只有承认自己某些方面不行，才能扬长避短，才能不让嫉妒之火吞灭心中的灵光。

让自己放轻松，心平气和地工作、生活。这种心境是充实自己的良好状态。充实自己很重要，只有有准备的人才能在机遇到来之时不留下失之交臂的遗憾。

俗语有"宰相肚里能撑船"之说。古人与人为善、修身立德的谆谆教诲警示于世人。一个人若胆量大，性格豁达方能纵横驰骋，若纠缠于无谓鸡虫之争，非但有失儒雅，还会终日郁郁寡欢、神魂不定。唯有对世事时时心平气和、宽容大度，才能处处契机应缘、和谐圆满。

如果一语龃龉，便遭打击；一事唐突，便种下祸根；一个坏印象，便一辈子倒霉，这就说不上宽容，就会被人称为"母鸡胸怀"。真正的宽容，应该是能容人之短，又能容人之长。对才能超过者，也不嫉妒，唯求"青出于蓝而胜于蓝"，热心举贤，甘做人梯，这种精神将为世人称道。

有个人讲述了一个故事：小时候，有一天他和几个朋友在一间荒废的老木屋的阁楼上玩。在从阁楼往下跳的时候，他的左手食指上的戒指勾住了一根钉子，把整根手指拉掉了。当时他疼死了，也吓坏了。等手好了以后，他没有烦恼，接受了这个本可避免的事实。现在，他几乎根本就不会去想自己的左手只有四个手指头了。

荷兰首都阿姆斯特丹一间15世纪教堂废墟上刻着这样一行字："事情是这样，就不会是别的样子。"

在漫长的岁月中，你我一定会碰到一些令人不快的情况，它们既是这样，就不可能是别样，我们也可以有所选择。我们可以把它们当作一种不可避免的情况加以接受，并适应它；或者，我们让忧虑毁掉我们的生活。

下面是哲学家威廉·詹姆斯所给的忠告："要乐于承认事情就是如此。能够接受发生的事实，就是能克服随之而来的任何不幸的第一步。"俄勒冈州的伊莉莎白·康黎经过许多困难，终于学到了这一点。

"在庆祝美军在北非获胜的那天，我被告知我的侄子在战场上失踪了。后来，我又被告知，他已经死了……我悲伤得无以复加。在此之前，我一直觉得生活很美好。我热爱自己的工作，又费劲带大了这个侄子。在我看来，他代表了年轻人美好的一切。我觉得我以前的努力正在丰收……现在，我整个世界都粉碎了，觉得再也没有什么值得我活下去了。我无法接受这个事实，悲伤过度，决定放弃工作，离开家乡，把我自己藏在眼泪和悔恨之中。

"就在我清理桌子，准备辞职的时候，突然看到一封我已经忘了的信——几年前我母亲去世后这个侄子寄来的信。那信上说：'当然，我们都会怀念她，尤其是你。不过我知道你会支撑过去的。我永远也不会忘记那些你教我的美丽的真理，永远都会记得你教我要微笑。要像一个男子汉，承受一切发生的事情。'

"我把那封信读了一遍又一遍，觉得他似乎就在我身边，仿佛对我说：'你为什么不照你教给我的办法去做呢？支撑下去，不论发生什么事情，把你个人的悲伤藏在微笑下，继续过下去。'

"于是，我一再对自己说：'事情到了这个地步。我没有能力去改变它，不过我能够像他所希望的那样继续活下去。'我把所有的思想和精力都用于工作，我写信给前方的士兵——给别人的儿子们；晚上，我参加了成人教育班——找出新的兴趣，结交新的朋友。我不再为已经永远过去的那些事而悲伤。现在的生活比过去更充实、更完整。"

已故的乔治五世，在他白金汉宫的房里挂着下面这几句话，"教我不要为月亮哭泣，也不要因事后悔。"叔本华也说："能够顺从，就是你在踏上人生旅途中最重要的一件事。"

显然，环境本身并不能使我们快乐或不快乐，而我们对周围环境的反应才能决定我们的感觉。

必要时，我们都能忍受灾难和悲剧，甚至战胜它们。我们内在的力量坚强得惊人，只要我们肯加以利用，它就能帮助我们克服一切。

已故的美国小说家布斯·塔金顿总是说："人生的任何事情，我都能忍受，只除了一样，就是瞎眼。那是我永远也无法忍受的。"然而，在他六十多岁的时候，他的视力减退，一只眼几乎全瞎了，另一只眼也快瞎了。他最害怕的事终于发生了。

塔金顿对此有什么反应呢？他自己也没想到他还能觉得非常开心，甚至还能运用他的幽默感。当那些最大的黑斑从他眼前晃过时，他却说："嘿，又是老黑斑爷爷来了，不知道今天这么好的天气，它要到哪里去？"

塔金顿完全失明后，他说："我发现我能承受我视力的丧失，就像一个人能承受别的事情一样。要是我五个感官全丧失了，我也知道我还能继续生活在我的思想里。"

为了恢复视力，塔金顿在一年之内做了12次手术。他知道他无法逃避，所以唯一能减轻他受苦的办法，就是爽爽快快地去接受它。他拒绝住在单人病房，而是住进大病房，和其他病人在一起。他努力让大家开心。动手术时他尽力让自己去想他是多么幸运。"多好呀，现代科技的发展，已经能够为像人眼这么纤细的东西做手术了。"

一般人如果要忍受12次以上的手术和不见天日的生活，恐怕都会变成神经病了。可是这件事教会塔金顿如何忍受，这件事使他了解，生命所能带给他的，没有一样是他能力所不及而不能忍受的。

我们不可能改变那些不可避免的事实，可是我们可以改变自己。要在忧虑毁了你之前，先改掉忧虑的习惯，告诉自己："适应不可避免的情况"。

想得通就想，想不通就过

生活中，谁也离不开想象。但是，想问题是要想那些对自己的生活有积极意义的事情，而不是把什么都放在心上，漫无边际地胡思乱想，对那些想不通的问题的苦苦纠缠，会让思考成为人们内心的负担，让自己陷入对那些痛苦和烦恼的无休止的思考中，这是十分愚昧的事情。

1.想不通，那就顺其自然

世界上所有的正常人从小都有思考问题的能力和意识。有的
人思考过太阳为什么总下到山的那一边，月亮为什么在太阳落下
之后才升起；有的人思考过花儿为什么这样红，叶子为什么那样
绿；有的人思考过为什么快乐总是属于别人的，为什么别人的幸
福总是比自己的多……人生中有很多让人思考的地方，也有很多
想了却想不通的事情。其实，想不通不妨顺其自然，不要被那些
想不通的事情牵绊住你前行的脚步。

想不通，就不要再想了，想不通的问题就让它过去，放过
它，你的心情也放松了。否则，一个让你内心纠结的问题，就会
越想越不通，到最后只能把自己逼到死角，整个人就变得空洞
了。因为在死角里面，什么都看不见，那些日月星辰、风雪雨
露、鸟语花香、蜂舞蝶忙都被你一再地忽视，而你，只看到困着
自己的那面烦恼的心墙，什么东西也放不进去，什么也充实不了
你的心。但是，生活中很多人都不明白这个道理，总是跟自己的
人生过不去，明明想了也是白想的事情，还在不断地纠缠，于是
也就让自己在执迷不悟中越陷越深。殊不知，如果人每天都想得
很多，那么只能给自己的生活增加更多的烦恼与压抑，不想固然
不行，但想多了就会起反作用。

有时，我们可以换一个角度考虑，那些你想不通的问题也许正是你不需要考虑的问题，上天之所以没有给你开窍的灵丹妙药，那就一定有它的道理。不妨就好好地欣赏生活中原本已经存在的美景，不妨就好好享受生活中已经拥有的美好，这样才能使自己的内心得到解脱，也让自己的人生在不断的思考中离成功越来越近。

思考是一种做人的能力和做事的智慧，经过思考能解决的问题，就各个击破，经过思考仍然无法想通的事情，就顺其自然，这样的人生才不会被那些心灵的包袱压得喘不过气，也不会让自己在那些无谓的纠缠中让美好的生活渐行渐远。当你终于放开那些想不通的问题时，你会发现自己仿佛经过了一场心灵的洗礼，看世界的那双眼睛也会更加澄澈透亮。

2.顺其自然，快乐至上

在我们日常生活和工作中，总是有很多让我们百思不得其解，以至于让人内心很不顺畅的事情。比如，明明你很努力地在工作，而其他同事却每天无所事事，工作也不那么用心，而且每次业绩都比你好；明明是你的业绩更突出，也和同事和睦相处，团结协作，但是评先进个人的时候却没你的份；明明你很爱你的另一半，几乎对她的要求百依百顺，可最后她却离你而去……这一切的一切，可能会困扰你相当长一段时间，给你的生活蒙上痛苦的阴影。

从此，你可能为自己的内心戴上迷茫、不解，甚至是怨恨的枷锁。因为想不通，因此你就把自己的全部心思都放在了把它们搞清楚、想明白之上。在这个过程中，也许你每天都用一颗阴暗的心面对生活，也许你用一副全世界都欠你一个答案的样子不停地逼问人生，也许你为了给自己一个答案，不惜蹉跎了大好时光，影响了自己的正常生活，放弃了很多你应该拥有的快乐。可是，细想一下，这样做又是何必呢？难道你这样跟自己过不去，就能得到你想要的答案吗？其实每一个人都知道，事实并非如此。既然这样，就不如把那些想不明白的问题统统交给时间去解决，时间可以冲淡一切，你只要顺其自然地快乐过好每一天就行。

有一个小伙子被女朋友抛弃了，他每天都沉浸在失恋的痛苦中不能自拔。他想不明白，自己对她那么好，为什么她还会离他而去。要知道，他以前是一个懒散任性的人，甚至还很自我，但是为了她，他几乎将自己重新塑造了一回。

他的女朋友不喜欢吃米饭，他为了她改变了自己爱吃米饭的习惯，跟着她吃自己不喜欢的馒头面条；他的女朋友喜欢吃巧克力，他无论去哪里出差，都会在很紧张的时间里，挤出一点时间到当地的糖果店买最好吃的巧克力，小心翼翼地带回来给她；他的女朋友喜欢短途旅游，他就利用自己短暂的假期，带她到她想去的地方旅游散心……诸如此类的事情还很多，可是她还是不领情，义无反顾地跟着别的男人走了。这个小伙子怎么也想不通，每天都问自己同一个问题："我变得像她希望的那样了，为什么她却走了？"他自己也在这样的追问中逐渐颓废了下去，一切又回到了原点，他最终还是变成以前那个颓废、懒散的年轻人，从此无所事事、无所追求，活得狼狈不堪。

也许你会为故事中的男孩惋惜，也会为他的堕落叹息。但是人生中的很多事情不是付出就会有回报，感情有时候也会这样捉摸不定，有些事情你永远不必问为什么，有些人你永远不必等。因为世上不是所有问题都会有答案，也不是所有问题都需要一个明确的答案。你不必跟那些想不通的问题计较，知道自己怎么想都想不通就已经足矣，这时你可以心安理得地放开，而放开就是最好的答案。

转个圈子，世界大不同

世上的事情有时就这么简单得让人难以置信：如果你墨守成规，等待你的只有失败；相反，如果你稍微动一下脑筋，对传统的思维方式进行一番创新，就能获得成功。比如，下面"跟随者"习性的虫子为什么就不能动动脑筋，对自己固有的习性进行一下创新——不跟在别人身后漫无目的地奔跑，而是换一种思维方式呢？

法国著名科学家法伯发现了一种很有趣的虫子，这种虫子都有一种"跟随者"的习性，它们外出觅食或者玩耍，都会跟随在另一只同类的后面，而从来不敢换一种思维方式，另寻出路。发现这种虫子后，法伯做了一个实验，他花费了很长时间捉了许多这种虫子，然后把它们一只只首尾相连放在了一个花盆周围，在离花盆不远处放置了一些这种虫子很爱吃的食物。一个小时之后，法伯前去观察，发现虫子一只只不知疲倦地在围绕着花盆转圈。一天之后，法伯再去观察，发现虫子们仍然在一只紧接一只地围绕着花盆疲于奔命。七天之后，法伯去看，发现所有的虫子已经一只只首尾相连地累死在了花盆周围。

法伯在他的实验笔记中写道：这些虫子死不足惜，但如果它们中的一只能够越出雷池半步，换一种思维方式，就能找到自己喜欢吃的食物，命运也会迥然不同，最起码不会饿死在离食物不远的地方。

当然，让虫子摈弃自己固有的习性难免是一种苛求，虫子毕竟是虫子。但是，人呢？

人的思维也一样。人一旦形成了习惯的思维定势，就会习惯地顺着定势的思维思考问题，不愿也不会转个方向、换个角度想问题，这是很多人的一种愚顽的"难治之症"。

这种思维定势的影响很大。在生活的旅途中，我们总是经年累月地按照一种既定的模式运行，从未尝试走别的路，这就容易衍生出消极厌世、疲塌乏味之感。所以，不换思路，生活也就乏味。

大象是世界上最强壮的动物之一，当一头年轻的野生大象被抓到时，猎手们会用金属圈套住它的腿，把它用链子捆到附近的榕树上。自然，大象会一次又一次地试图挣脱，但尽管做出了巨大努力，它还是不能成功。几天挣扎并且伤了自己之后，它意识到它的努力是徒劳的，最后它放弃了。从此刻起，这头大象再也没有挣脱过，即使是别人只用了一条小绳和木桩。

研究者发现在一种被称为梭鱼的鱼类中也存在僵化的倾向。通常情况下，梭鱼会就近攻击在它范围内游泳的鲦鱼。作为一个实验，研究者们把一个装有几条鲦鱼的无底玻璃钟罐放入一条梭鱼的水箱中。这条梭鱼立刻向罐子里的鲦鱼发动了几次攻击，结果它敏感的鼻子狠狠地撞到了玻璃壁上。几次惨痛的尝试之后，梭鱼最终放弃，并完全忽视了鲦鱼的存在。钟罐被拿走后，鲦鱼们可以自由自在地在水中四处游荡，即使当它们游过梭鱼鼻子底下的时候，梭鱼也继续忽视它们。由于一个建立在错误信念基础之上的死结，这条梭鱼会不顾周围丰富的食物而把自己饿死。

当人类也像大象和鱼一样被安排在某一个圈套，当他们不能够挣脱的时候，就会选择顺从和视而不见。一位教授曾说过，人类的思维过程实在就是自己为自己下套，当人们钻进了自己禁锢自己的思维定势，人类的思想就再也无法自由了。

独处让压力、杂念统统走开

独处有助于减轻快节奏生活造成的压力，带给你安详平和的心境。如果你每天的神经都绷得紧紧的，得不到一丝喘息的机会，那你真该好好计划一下，找一段时间什么也不做，让自己彻底放松一下。

一位事业有成的企业家，当他达到事业的巅峰时突然觉得人生无趣，特地来向大师请教。

大师告诉毫无兴趣和信心的企业家："鱼无法在陆地上生存，你也无法在世界的束缚中生活；正如鱼儿必须回到大海，你也必须回归安息。"

企业家无奈地回答："难道我必须放弃一切的事业，进入山里修炼？"

大师说："不！你可以继续你的事业，但同时也要回到你的心灵深处。当回到内心世界时，你会在那里找到祈求已久的平安。除了追求生活的目标外，生命的意义更值得追寻。"

我们每天都要处于人群之中，在喧闹的人群里你听不见自己的脚步声。远离生活，能让我们重新认识到自我存在。当然，对于有工作又有家庭的人来说，寻找独处的机会很不容易。你可以和家人、朋友进行交流，向他们说明情况，征求他们的意见。那些关心你的人，一定会给予你想象不到的谅解和支持。从沉重的生活压力中解脱出来，你能心境平和地处理工作，平和地对待家人、朋友，这将增进你们之间的感情。放下，什么事情也不干，可不像听上去那么简单。

你可以每天抽出一小时，一个人静静地待着，什么也不想。当然前提是你要找一个清静的地方，否则如果有熟人经过，你们一定会像往常那样漫无边际地聊起来。也许刚开始的时候，你会觉得心烦意乱，因为还有那么多事情等着你去干，你会想如果去工作的话，早就把明天的计划拟定好了，这样干坐着，分明就是在浪费时间。可是，如果你把这些念头从大脑中赶走，坚持下去，渐渐你就会发现整个人都轻松多了，这一个小时的清闲让你感觉很舒服，干起活来也不再像以前那样手忙脚乱，你可以很从容地去处理各种事务，不再有逼迫感。你可以逐渐延长空闲的时间，三小时、半天甚至一天。

抛开一切事情，什么也不干。一旦养成了习惯，你的生活将得到很大改善，把你从混乱无章的感觉中解救出来，让头脑得到彻底净化。

独处有助于减轻快节奏生活造成的压力，带给你安详平和的心境。如果你发现自己总是被家人、朋友围绕着，耳边充斥着噪音，人声喧哗，忍受着繁忙工作、家庭琐事的无穷折磨，每天的神经都绷得紧紧的，得不到一丝喘息的机会，那你真该好好计划一下，找一段时间什么也不做，让自己彻底放松一下。

放轻松，没有什么大不了

放松疗法又称松弛疗法，是一种通过训练有意识地控制自身的心理生理活动、降低唤醒水平、改变机体紊乱功能的心理治疗方法。实践表明，心理生理的放松，均有利于身心健康，达到治病的效果。

事实上，人们很久以前就在使用放松的方式来养生颐寿。像我国的气功、印度的瑜珈术、日本的坐禅，都是通过放松达到心平气和、通体舒畅的目的。

放松疗法认为一个人的心情反应包含"情绪"与"躯体"两部分。假如能改变"躯体"的反应，"情绪"也会随着改变。至于躯体的反应，除了受自主神经系统控制的"内脏内分泌"系统的反应不易随意操纵和控制外，受随意神经系统控制的"随意肌肉"反应，则可由人们的意念来操纵。也就是说，经由人的意识可以把"随意肌肉"控制下来，再间接地把"情绪"松弛下来，建立轻松的心情状态。在日常生活中，当人们心情紧张时，不仅"情绪"上"张惶失措"，连身体各部分的肌肉也变得紧张僵硬，即所谓心惊肉跳、呆若木鸡；而当紧张的情绪松弛后，僵硬肌肉还不能松弛下来，即可通过按摩、沐浴、睡眠等方式让其松弛。

基于这一原理，"放松疗法"就是训练一个人，使其能随意地把自己的全身肌肉放松，以便随时保持心情轻松的状态。

下面介绍一些具体的方法：

1.深呼吸

呼吸并不只有维持生命的作用，吐纳之法还可以清新头脑，熨平纷乱的思绪。所以当你因压力太大而心跳加快时，不妨试着放松身心，做几个深呼吸。进行深呼吸，能增加血液中的氧，有助于很快放松心情。简单用胸部快速浅呼吸只能导致心跳加快，肌肉紧张，会增加压力感。正确的呼吸方法是放松腰带，双手扶下腹，均匀平缓深呼吸。

2.想象

听起来很新鲜，其实研究证明想象能有效减轻压力。例如设想自己在洗热水澡；自己在草地漫步；踩着鹅卵石在没膝深的溪水中探行；躺在海滩上让潮水一遍一遍地冲刷。要注意想象一些声音、景象、气味等细节。

3.自我按摩

全身保健按摩是活动全身的皮肤，穴位按摩是手指点按几个穴位，其中有印堂、风池、太阳、内关、外关、足三里和涌泉等穴位，以及肩与颈之间的大块区域。按摩时可以配合深呼吸和意念循环。

4.运动

许多上班族都与运动无缘，而长期缺少运动不仅会带来肥胖亦会导致精神倦怠，这时"运动疗法"就派上用场了。适当的运动，可以为你减轻压力。

第七辑

永远相信，美好的事情就在身边

　　人生苦短，我们除了努力活在当下，还要做一个懂得享受生活的人。尽管我们无法彻底挣脱生活的羁绊，但还是要扬起快乐的翅膀，从纠结中解脱出来，要坚信美好的事情就在身边。

从艺术中采撷欢乐

致力于养成一种高贵的性情，虽然你贫穷，但总有一天你会得到回报。

在各种美好的艺术中，生活的艺术占有一席之地。像文学一样，它也属于人文科学。它是一种能使生活方式变得最有价值的艺术——充分利用每一件东西。它是一种从生活中获取最高的快乐并由此达到人生最高境界的一门艺术。

要想生活幸福，不运用某种程度的艺术是不可能的。像诗歌和绘画一样，生活的艺术主要源于天赋，但所有的人都能培养和开发它。它可以由父母和老师来培育，并通过自我修养而得到完善。没有才智，它就无法存在。

幸福并非是一颗美丽、难以寻觅的巨大的宝石，无论付出怎样的努力也无法找到它。相反，它是由一系列普通而又细小的宝石所组成的珠串，它们散发出快乐和优美的情趣。幸福就是散布在普通生活道路上的各种不太起眼的快乐，这些快乐通常在我们热切地追求某些宏大而动人心魄的快乐时容易被我们忽略。在我们诚实而正直地履行普通职责的过程中，幸福就会露出会心的微笑。

在现实生活中，体现生活艺术的例子比比皆是。我们不妨来举个例子。两个各方面条件相同的人，其中一个人懂得生活的艺术，而另一个人则不懂。前者具有好奇的眼光和充满才智的心灵。在他面前，大自然永远是崭新的，充满了美好的事物。他生活在现在，回忆着过去，幻想着美好的未来。对他来说，生活具有一种深刻的意义，它要求诚实地履行自己的职责以告慰自己的心灵，这样，生活也就快乐了。他不断地完善自己，按照自己的年龄角色而行动，帮助那些绝望的人摆脱困境，积极从事各种美好的工作。他的双手永不会疲劳，他的心灵永远不会倦怠。他愉快地度过自己的人生，帮助别人成了他生活的快乐之源。不断增长的才智使他对人、对物每天都有新的领悟。他为自己的人生留下了无数的荣誉和祝福，他的最大纪念碑就是他曾经做出的美好行为以及他在自己的同胞面前树立的有益的榜样。

而另一位不懂生活艺术的人，他的生活是单调的。在他的生命走向结束以前，他也没有达到真正的人的状态。金钱为他贡献了一切，然而他却觉得生活空虚无聊、枯燥乏味。旅游不会给他带来任何好处，因为对他而言，自己的经历是毫无意义的东西。他活着只是为了向小旅馆老板和服务员收取佣金；即使在大山深处旅游多日，他也会觉得索然乏味；在乡间行走，面对辛勤的农夫和大批的羊群，他不会去搭讪和欣赏，而是把自己龟缩在马车中。美术画廊在他看来是令人厌恶的东西，他之所以进去看它们，那是因为看到别人也在这样做。这些"乐趣"很快就使他厌倦了，他对生活彻底地感到乏味了。当他年老的时候，他成了一群赶时髦的闲荡者中的一员，生活中已没有任何能让他提得起兴趣的地方，生活成了一场化装舞会。在舞会里他只认识流氓、恶棍、无赖、伪君子和吹牛拍马的阿谀奉承之徒。尽管他已不再热爱生活，然而他还是害怕失去生活。然后，他的人生舞台终于落幕。尽管他财富丰厚，他的生活却是一场失败，因为他根本不懂得生活的艺术，他觉得如果没有财富，生活就不会有乐趣。

财富并不能给生活带来真正的热情，只有思考、欣赏、品味、修养才能带来生活的热情。在所有这些东西当中，一双有洞察力的眼睛和一个有感悟力的心灵是必不可少、无法替代的。具备了这些品质，最下层的人们也能变得有福，劳动和辛苦也会与最高尚的思想和最纯洁的品位密切相连。许多劳动者也许会因此而变得高尚和高贵。蒙田认为："所有的道德哲学就像它能适用于最辉煌壮丽的人生那样，也能适用于普通下层百姓的生活当中。每个人身上都拥有人类生活的全部形式。"

即使在物质的舒适方面，良好的情趣既是真正的节俭者也是快乐的促进者。每当你经过朋友家门前的台阶时，你会不由自主地要观察一下他的屋子里是否具有某种情趣。例如：家里是否有一种干净整洁、井然有序、优美文雅的氛围，它会给人们带来愉快的感受，虽然这种感受只可意会不可言传。看看窗台上是否有鲜花、墙上是否挂有绘画，这是一个家是否有品位的标志。一只鸟在窗台上歌唱，家里摆满了书，而家具尽管是普通的，却很整洁宜人，甚至可说是精致，这就是有情趣的标志。

生活的艺术体现在家居生活的每个方面。他们会挑选健康卫生的食品，一口一口地品尝它们，不存在挥霍浪费的行为。饮食质量也许低些，然而这种生活却是有滋有味的；所有的东西都那么干净整洁，杯子里的水是那么充满活力。他们不会再渴望更加丰盛的美味佳肴或更加刺激的风味饮料。

让我们再看看另一种家居生活：那里大肆铺张浪费，既没情趣也没井井有条的家居氛围。家庭的开销是巨大的，然而你仍然感觉不到是"在家里"。家里的氛围丝毫没有舒适之感。书籍、帽子、围巾、袜子四处散落，杂乱无序。三三两两的椅子上堆放着乱七八糟的东西。整个屋子混乱不堪。这样的家无论有多少钱也是白搭。这是一个缺乏情趣的家，因为家庭的主人还没有学会生活的艺术。

然而你可以在乡村小屋的家中看到与上述情形完全相反的情况。贫穷的生活因为充满了情趣而变得甘甜可口。他们的邻居心地善良、心胸开阔。在那里，空气是纯净的，街道是干净整洁的。乍一看，门前台阶是泥沙铺就，然而窗格玻璃却是一尘不染——也许正在盛开的玫瑰或天竺葵透过玻璃而在屋内散发着清香呢——屋里的主人，无论他有多贫穷，他都懂得如何充分利用自己的资源来制造生活的情趣。在别的地方，你也许会看到与此不同的情景：臭味难闻的乡村小屋，脏兮兮的小孩在街沟里玩耍，邋遢的女人懒洋洋地靠在门框上，弥漫在整个房屋周围的是沉闷贫困的氛围！从每周的收入上讲，那个富有情调的乡村生活的主人也许没什么巨额收入，甚至比后者的收入要少。

同样相似的对比也发生在两个相同领域工作或在相同的商店工作的人身上。其中一人像百灵鸟一样兴奋异常，总是欢快活泼、穿戴整齐，像他的工作所要求的那样干干净净：星期日早晨，他穿戴整齐地同家人一起上教堂；除了在储蓄所存上多余的钱以外，在自己的钱包里无论如何都要留下一些钱以备急需；阅读书本、订阅报纸并带回某些文学刊物给家庭成员阅读。而另外一个人呢，与前者具有相同的条件甚至每周的收入还高于前者。他每天早晨上班时总是带着一副阴郁而沮丧的脸孔；对生活、对工作总是牢骚满腹；不修边幅，穿着马虎，脏兮兮的；星期日睡懒觉一直到中午，当他懒洋洋地打开房门时，只见脸未洗，头发蓬乱，眼睛无精打采、布满血丝；让孩子们在肮脏的水沟里嬉戏，没有人照看他们；到星期六晚上，就花光了自己一周所挣的收入，然后是债台高筑，借钱还债；从不参与任何俱乐部，也不节省任何东西，有多少就吃多少；从不阅读书报资料，不思考任何问题，只会干些苦工、吃喝玩乐和睡大觉。为什么在这两个人之间会存在这样大的差别呢？

原因其实很简单：其中一人拥有才智并懂得从生活中采撷欢乐和幸福，自得其乐并使周围的人也跟着快乐；而另一个人则没有开发才智，根本就不懂得使他自己和他的家庭幸福的艺术。对第一个人来说，生活就是充满爱意、帮助和同情，充满关怀、远见和精打细算，充满思考、行动和职责的一幅丰富多彩的画卷。而对第二个人来说，生活就是狼吞虎咽地大块吃肉、大碗喝酒，职责是不去想其他的，思考也是不存在的，谨慎地精打细算他也从来没考虑过。但是，让我们瞧一下二者的结局吧：前者受到同事们的尊敬，受到家里人的热爱；他是他影响所及的范围内良好生活和良好品行的典范。而后者则过着今朝有酒今朝醉、不顾眼前和未来的悲惨生活；好人都像躲避瘟神一样躲避他；他的家人害怕门外响起的脚步声，他的妻子对他的回来感到胆战心惊；他死后也许除了他的家人外没人有惋惜之情，而这个家庭还需要公众的捐助施舍才能维持下去。

就为这些原因，一个人也应当学会幸福生活的艺术。即使是最穷苦的人也可以通过这种艺术获取巨大的快乐和幸福。这个世界不需要"眼泪汇聚的溪流"，除非我们自己希望出现这种景象。在很大程度上，我们有主宰自己命运的力量。无论在何种情形下，我们的心智都是我们自己所拥有的东西。我们应当愉快地珍惜那里生长出来的思想；我们可以在很大程度上调节和驾驭我们的性情和气质；我们可以教育自己并开发出我们天赋中最美好的东西，这些东西在大部分人身上都处于沉睡状态；我们可以阅读好书，珍惜纯洁的思想，过一种安详、宽厚和有美德的生活，以赢得品行端正的人的尊敬。

品读那一刻的书香

生活中我们离不开阳光空气，同样，离开书本的日子也会是最乏味的。与书相伴的人生才最有意义。

程颐说："外物之味，久则可厌；读书之味，愈久愈深。"张竹坡说："读到喜、怒俱忘，是大乐处。"陆云士说："读《三国志》，无人不为刘；读《南宋书》，无人不冤岳。庸人不知其怒处亦乐处耳。怒而能乐，惟善读史者知之。"苏东坡说："腹有诗书气自华。"衣着，赋予你外在的美；读书，才能给你气质的美。拥有了书，生命也就有了寄托。

托尔斯泰酷爱博览群书。在他的私人藏书室，参观者可以看见13个书橱，里面珍藏着23000多册20余种语言的书籍。这些藏书为他的创作提供了大量的原始材料。据说，他喜欢把书借给别人看，与他人共享读书的快乐。

读书，是一种美丽的行为。在书中，天文历史，尽收眼底；五湖四海，就在脚下；古今中外，蔚然可观。读书，让我们懂得什么是真、善、美，什么是假、恶、丑；读书，让我们丰富了自己，升华了自己，突破了自己，完善了自己。

寒夜孤灯，捧书卷，闻墨香，那感觉如同盛夏里吸吮冰凉的饮料，甜滋滋、凉悠悠。读书的感觉，爱读书的人才独有；读书的快乐，在求知的过程中。读书，让你品味人生的酸甜苦辣，品味生活中的各色景观。

能够读书，自然是件快乐事；能够读上一部妙书，那就更是一种幸福了。但是，对于那些狗苟蝇营、急功近利之徒来说，倒也未必如此。所以，这读书的快乐也是因人而异的，因为幸福只是一种心灵的感受。人的心灵有着不同的境界和模式，所以幸福的程度或者感受也有着相当大的差异。

人是需要读一些书的，许多人在生活中迷失了方向，通过读书可以把自己从物欲名利中解脱出来，塑造美好的生活观念。古今中外名人在读书中都有极精彩的话语。唐朝皮日休赞美读书的好处："惟文有色，艳于西子；惟文有华，秀于百卉。"英国莎士比亚谈道："书籍是全世界的营养品。生活里没有书籍，就好像没有阳光；智慧里没有书籍，就好像鸟儿没有翅膀。"当代作家贾平凹说得更为精彩："能识天地之大，能晓人生之难，有自知之明，有预料之先，不为苦而悲，不受宠而欢，寂寞时不寂寞，孤单时不孤单，所以绝权欲，弃浮华，潇洒达观，于嚣烦尘世而自尊自强自立不畏不俗不谄。"

读书有三大快乐。

读书的快乐之一是：我们每一个人在现实生活中的提高都与书籍有密切联系。书籍是我们认识现实的桥梁；书籍使我们脱离蒙昧走向文明。通过读书，我们可以上知天文下晓地理，可以穿越时间隧道去体验春秋战国时代的连绵战火，观望盛唐的繁荣。读凡尔纳的科幻小说可以把我们提前带入缥缈而又精彩的未来世界。

读书的快乐之二是：书籍是一面镜子，作者在书中表现坚毅的品性、开阔的胸襟、积极的志向，我们通过阅读可以照见自己的缺点，日复一日地阅读下去。我们被书籍潜移默化，我们逐渐形成全新的道德观念和行为准则。同时，读书是一个读者与作者交流的过程，我们在阅读中进入了作者的心灵世界，在不断汲取的同时还要学会扬弃，这样读书就变成了积极地参与。

读书的快乐之三是：书籍并不总是在于我们记住了书本身，更重要的是给予我们的启示。一本好书就像一个掘宝人，开采出隐藏在我们心中的宝藏。我们在书里常常发现我们所想的和感受到的，只是我们没有表达出来而已。读书可以唤醒我们潜在的能力，在书里我们认识了自己。

读书最快乐的境界莫过于进入美感境地，我们没有功利目的，只读自己喜欢的书。读书使我们足不出户便可以心游万仞，气吞八荒。愿人们在书海中遨游，捡拾美丽的贝壳，构筑自己的精神大厦。

读书而且读对人有积极影响的好书是一生中的幸事，有可能从此你的世界观会有很大的不同。书是作者智慧的结晶，是对人生经过沉思后精心筛滤过的自我陈述，所以经常读书是完成思想成熟的一种捷径。

当阅读时，你会抛开一切的烦恼，悄然地被作者带入一个全新的文化境界里自由漫步。在无数个夜晚里，你与一位长者展开了平静深远的交谈，驰骋古今、横跨时空与地域。长者充满智慧且言语坦诚，他的思想会慢慢融入你的心灵深处，字字叩击着你幼稚的灵魂。潜移默化中，你对世界万物的着眼角度开始发生变化，你会用心去体会人生的真正含义，能够快乐积极地对待生活，学会欣赏美并去创造美，你将踏着智者们的思想阶梯逐步达到一定的领悟境界，认知到宇宙自然的博大和自身的渺小。

有人把一生不爱读书的人比作囚徒，他们囚禁在自我和无知的牢笼里，他们会经常抱怨："生活淡而无味，工作周而复始。"他们一定无法感到快乐,因为他们把自己套在一成不变的生活程序里,更多地关注利益和得失,不仅对于外界的精彩无知无觉,而且忽视了生活中的点滴快乐。这种损失是非常可怕的。古人曾说:"三日不读书,面目可憎,语言无味。"

生活中我们离不开阳光空气,同样,离开书本的日子也会是最乏味的。与书相伴的人生才最有意义。懂得生活的人就会懂得书中的美妙,愿你我都珍惜读书时间,随手拿起一本心爱的书本,开始彼此的阅读人生吧。

用旋律点缀平淡生活

学习是终身的伴侣,音乐是大众的情人。美妙的音乐带给人们的是美的享受、情的陶冶、心的传递。

音乐作为一种艺术形式,是属于大众的。好的音乐往往会形成一股社会冲击波,产生轰动效应。我喜爱音乐,倾听歌声。

工作之余,我同喜爱音乐的人聚在一起,我们共同呼吸中国古典名曲那飘逸而来的"仙气",聆听进行曲、轻音乐、交响乐等,品味着充实的人生,品味着音乐中美丽的生活。音乐很美,听音乐的感觉更美。

听音乐的时候,我可以忘记一切。忘记痛苦,忘记挫折,忘记寂寞，忘记悲伤。忧郁的时候，我在音乐中寻找乐趣；失意的时候，我在音乐中寻找自强；彷徨的时候，我在音乐中寻找真诚；迷惘的时候，我在音乐中寻找友爱。音乐，打开了我闭塞的心灵，也为我架起了友谊的桥梁。

有这样一句话说得很好："学习是终身的伴侣，音乐是大众的情人。"音乐把人类灵魂深处的本质力量完整地表现了出来，给人的精神世界以巨大深远的影响，是启发人的智慧的重要因素之一。世界著名文学家雨果曾指出："开启人类智慧的钥匙有三把：一把是文学，一把是音符，一把是数学。"是的，生活中不能没有音乐，人的成长更不能失去歌声的伴随。在现在这个丰富多彩的世界里，我们应该用那独特的音符，为自己唱首歌，同时也将与他人共享。

古往今来，不管是哪一个朝代都与音乐结下了深深的缘分。我国古代人民在艰苦的劳作中创作了第一部诗歌总集《诗经》，再加上音乐的辅助作用，使它成为了我国文学创作的最初样式；当奥运的圣火在雄伟的圣歌声中一次次被点燃时，人们的希望又一次次地在心中萌发……翻开世界名人录，我们可以发现历史上许多伟大的人物都曾是音乐的知音。伟大革命导师恩格斯不仅热爱音乐，而且还会作曲，他在听过贝多芬的《命运交响曲》后，立即写信告诉他的妹妹说："昨天晚上交响曲演奏了，如果你不知道这个奇妙的东西，那么你的一生就是什么也没有听见。"列宁在听过贝多芬的《热情鸣奏曲》后，也曾感慨地说："我准备每天都听，因为它太让我着迷了。"或许他们所取得的重大成就与音乐在其中的"催化"作用紧密相连，音乐对他们潜移默化的影响使他们创造了奇迹。

"此曲只应天上有，人间能得几回闻。"优美的音乐拨动了人们的心弦。音乐中所蕴含着的智慧和灵感总能激活人的思维细胞，给一个人的想象力赋予新的内涵和重要的影响。其实，社会生活的每一个角落都应有歌声。没有歌声的世界，就是没有绿洲的沙漠，没有鲜花的春天，没有星光的长夜，没有尽头的噩梦。歌与乐相互结合在一起，清新明快犹如高山流水，但不管是何种音韵，都会使欣赏者对它产生共鸣。当我们愉悦振奋时，歌声会给我们以自信和力量；当我们困顿低回时，歌声又总能给我们以鼓舞和慰藉。音乐是伟大的，音乐是神奇的，当歌、情、景三者有机地结合在一起，这又是一种何等美妙的享受！

闲暇时，独坐一隅或静静地徜徉在绿油油的草地上，遥望星空，让那如水一般净澈的月光轻轻地洗涤心灵上的尘垢，这时偶尔飘来一串熟悉的音符，也许会触及我们心灵中的某根琴弦，随即使我们思潮翻滚浮想联翩。音乐是寂寞的调料，是抒情的法宝，是情感的流露，是个性的体现。浮躁的世界需要有冷静的分析，不断追逐的心更应有心灵的慰藉。生活需要音乐，这样我们方可在喧哗的社会中找到和谐与共鸣！

一位女士在医院工作，年轻时就爱唱爱跳爱好文艺。她钢琴弹得不错，自从结识了几位也是爱好文艺的朋友后，便在家里搞了个音乐沙龙，有拉小提琴的，有弹吉他的，每逢聚会，好不热闹。她说，她们几位都是中年人了，可聚到一起，一下子都变得年轻了。大家在一起吹拉弹唱可比自娱自乐有趣得多，有人欣赏与无人欣赏感觉是不一样的。生活中不能没有音乐，它陶冶人，滋养人，让人忘忧，让人忘我。音乐沙龙增进了朋友之间的感情，在音乐之中人也得到了升华。平日的工作很忙碌，一想到这个周末的沙龙，心中就似有旋律飞扬，连走路的脚步都踩着节拍呢。

除了音乐，还是音乐，天与地同奏，心与心共鸣。人生不能没有音乐，音乐离不开人生。音乐与人生的盟誓，穿过时空隧道，把无数充满爱与憎、美与悲的旋律装满生命的行囊。

倾听音乐，我们的目光好似在瞬间穿透了整个世界，看到了音乐之中最遥远的美丽风景……

倾听音乐，体味生活。对于热爱音乐的人来说，音乐仿佛是命中注定要来临的，因为我们的生命里需要它。

倾听音乐，感悟人生。音乐为人生打开了一道门，从此我们便走入了一个丰富多彩的世界，这个世界再不是狭窄得只容下一个，而是与多个卓越的先知式的灵魂融为一体。在对一部作品的理解逐渐深入时，你的情感也在不知不觉中得以升华。人生的时空从有限到达无限，音乐与人生的深刻联系也许就在于此。

请聆听音乐吧！它能让你感受人世间的酸甜苦辣，让你更深切地认识人生。

顿忘于泼洒丹青之中

科学研究发现：艺术家、书法家等一般都比较长寿，这与他们善于自我表现"动"是分不开的，而他们的人生价值也在其中得到最大限度地体现。"好奇"是在"动"的基础上产生的一种"兴趣"，有了"兴趣"就会有"乐趣"，一个对生活对大自然有着无限"兴趣与乐趣"的人是不会未老先衰、老态龙钟的。

美国科学家最近发现，人类大脑成年之后继续发育，直到50岁左右，而不是以前人们通常认为的人类20岁左右就停止发育。古往今来的事实说明，在脑海中保留住了"动"就留住了生命的活力。只有这样，人生才会多姿多彩。同时，也让欢乐常常伴随着你。

《红旗谱》的作者梁斌每日工作十几个小时，因劳致病，辗转病榻。他说："此时大夫叫习书法、绘画，说这是养慢性病的一个好方法。自此以后，（我便时）常出入于北京荣宝斋、宝古斋、和平画社、天津荣宝斋、艺林阁、劝业场等各书画社。日与书画家为伍，观察各家书画……我的身心能够恢复到今天的情况，是与书法绘画分不开的。"

画坛大师齐白石，活到90岁高龄时还天天作画，平均每天至少画五幅，多时达八九幅。除了生病住医院，从不间断。据白石老人的儿子齐良末介绍说："我父亲在85岁时，有一天风雨大作，他心情不好，没有作画，整日坐卧不安。第二天，雨后天晴，阳光灿烂，他一早起来，推开窗户，见到这样的大好时光，心情非常好，早餐也不吃，就拿出文房四宝，绘起画来。他一连画了四张条幅，直到吃午饭时，他还埋头作画，不肯休息。待画完最后一幅时，他在画上题词道：'昨日大风雨，心绪不宁，不曾作画，今朝至此补充之，不叫一日闲过也。'"

绘画对人们的影响很大。在第二届全国青年美术展览上有一幅高达两米多的油画——《父亲》。许多人站在画前，驻足凝思，甚至潸然泪下。这是因为它的艺术形象打动了人们的心灵。望着画，人们仿佛看到了一个真实的人站在那里，听到他咕噜咕噜的喝水声，听到他诉说苦难、欢乐和饱经风霜的一生。这就是"父亲"，几千年来支撑我们民族大厦、养育民族后代的"父亲"！

清代学者王星在《东庄论画》中道："学画所以养性情，且可涤烦襟，破孤闷，释躁心，吐静气，昔人谓山水画家多寿，古来名家享耄耋者居多。"

从养生的角度看，这些言论不无道理。书画家之所以长寿，关键是他们面对一张白纸，用心不杂，心情舒畅，以绘画为精神寄托，以泼墨为赏心乐事，这样就能够长期保持良好的心理状态。七情六欲归于平和，世上的宠辱顿忘于泼洒丹青之中，其情绪之欣悦是难以言状的。

列宁说过，不会休息就不会工作。工作、学习之余，走进大自然，走进艺术画廊，会使我们获得一种轻松愉悦的心境，会使神经系统得到调节，周身舒适，十分有益于身心健康。古人将观看山水画称作"卧游"，比为"特健药"，这是很有道理的。历来书画家大都长寿就是证明。

人们欣赏书画艺术，是因为它不仅具有感人的魅力，还能陶冶人们的性格与情操。《燕山夜话》的作者邓拓是个书法家。他的朋友说："从他的书法中，我们可以看出他那开朗奔放的性格和潇洒的风度，他已经达到了字如其人的境界。"

一幅好的绘画作品就像一首歌、一首诗，能使人的心情陶醉，给人以美的享受。徐悲鸿画的马，黄胄画的驴，不能骑，没有实用的功利目的，虽不能给人以物质利益、满足实用需要，但却能给人以精神上美的满足、喜悦和享受。

下好人生这盘棋

　　人生的好些方面，与围棋有着惊人的相似。如人要走正路，方不致堕落；棋要下正招，方不致成败局。弈棋要求人行棋紧凑，算路清晰，胸中有全局；而人生成长历程，也需要朝着一个目标，踏踏实实走好每一步。

　　棋友相聚，话题总离不开棋，弈棋之余，有时也会谈到各自的事业、家庭，谈起人生。随着对围棋感受的加深，棋友们普遍感到下棋和做人一样，人生就是一盘棋。

　　著名的武侠小说家金庸先生曾把下围棋比作"头脑体操"。他说下围棋有五得："得好友、得人和、得教训、得心悟、得大寿。"可见人们在这块方寸世界里，不仅可以乐而忘我，求得精神上的慰藉，还可以得到许多人们想象不到的珍贵收获。

　　另一著名的武侠小说家梁羽生，从9岁起就师从外祖父学习围棋。第一天学围棋的时候，外祖父对梁羽生说："你同别的小朋友原是下过象棋的。你可知道，象棋与围棋的区别在什么地方吗？"

　　梁羽生摇了摇头。"象棋讲霸道，而围棋讲王道。"外祖父讲出了结论，"象棋是一种你死我活的游戏，必须杀得对方丢盔弃甲，一败涂地，在连中军将帅也性命不保之时，才算决出胜负。围棋则不然！它讲究以德服人，最富中国传统的精髓之见。围棋主要是谁占的地盘大，谁便得胜。因此，真正的高手不一定靠杀敌，而是特别注意占据地方。古代并无贴目，整个棋盘三百六十一格，若各占一百八十点五格即算和棋。其中最基本的道理便是：我活，也让你活，但我要活得更好。"

人生的好些方面，与围棋有着惊人的相似。青少年时代正像围棋的布局阶段，布局的好坏关系到棋势的优劣。善弈棋者懂得合理布局，聪明的人也都知道在青少年时期要打好事业的基础；围棋的中盘进入激烈的争夺，双方使出浑身的解数抢占地盘，是决定胜负的关键阶段，人到中年家庭和事业的负担最为沉重，同样需要争分夺秒，全力以赴，是出成就的黄金时期；晚年则相当于围棋的官子阶段，虽大局已定，但也不可等闲视之，谨防功亏一篑，晚节不保。

人生要有知音，下棋要有对手。高手往往一眼就能看出七八步，而低手只能看到一两步。棋逢对手，才越战越猛，也越战越有趣。下棋和钻研事业一样，要信心十足、聚精会神。赢者不可盛气凌人，需知山外有山，应该具备一分宽容和谦虚；输者也不可气急败坏，而应表现出一分谦恭和好学。人生也是如此，需要学会取人之长补己之短，要向高手学习，勇于挑战，从自己的失败中总结教训，悟出真谛。

下棋是一种修炼。同高手下棋是一种享受，能得到他的人格美的感召；同俗子下棋是活受罪，受其恶劣棋风的虐待，赢得不快，输得不爽，平局也受奚落。但人生中雅俗都会碰上，谁能逃避得了呢？同高雅者共事，得其熏陶或培养；同粗俗者共事，可以检验和锻炼自己的人格。要拿出勇气和耐心来，迎接生活的变化与挑战，百炼成钢，琢玉成器。

围棋需要两个眼位才能成活，人也需要掌握谋生本领才能在社会上立足。下棋时，有人凝重，有人轻松，有人宽容，有人较真。但无论何种风范，目的只有一个：让对手输，使自己赢。从这个角度上看，人人都是争强好胜的。做人，就要具备这样的品性，要有一往无前的拼搏精神。下棋是如此，体育竞技是如此，文艺大奖赛是如此，产品竞争也是如此，一切都要尽力而为。

四方棋盘，大千世界，黑子潜伏，白子腾跃，眼花缭乱处，只为两个字：胜败。一盘棋下输了，没关系，我们还可以从头开始，可人生只有一次，谁也输不起。面对人生，我们只能尽己所能，留下一盘充实的、值得回味的"人生棋谱"。

玩牌图乐不图赌

玩牌是一种文化娱乐活动，不仅是一种高尚的精神消遣和享受，还可以培养和增加人的智慧。牌的输赢也随着时空转换而发生变化，这会使人想到人的命运并非一成不变，并非无法改变。

扑克是一种文化娱乐的工具，玩扑克不仅是一种高尚的精神消遣和享受，还可以培养和增加人的智慧。

桥牌是扑克牌中的一种游戏。世界上许多历史伟人都是桥牌迷，例如艾森豪威尔在第二次世界大战中等待盟军北非登陆消息时，也没有忘记挤出时间玩一局桥牌；英国前首相丘吉尔在"二战"爆发后英军参战时，仍念念不忘打桥牌。

在我国，邓小平的桥牌牌技之高也是众所周知的。打桥牌是邓小平的一项业余爱好，到了晚年打桥牌更成了他暮年寄情之所在。他的桥牌技艺也随之日益精湛，几臻炉火纯青，无怪乎外国人称誉他为中国的"高级桥牌迷"。桥牌女皇、美籍华人杨小燕曾有幸与他同桌打牌。事后杨女士非常赞赏邓小平的打牌技术，告诉记者："邓小平打牌思路清晰，牌风稳健，显示出充沛的精力和过人的智慧，这在八十高龄的老人中，是十分令人吃惊的。"1981年世界桥牌记者协会还给他颁发了桥牌荣誉奖。

麻将牌也是人们常用的娱乐工具。玩麻将最大的乐趣是富于变化和发展。麻将的输赢并不全部决定于刚上手时牌的好坏，它能于持续的摸牌中调整变换。得而失之，失而复得，牌的输赢也随着时空转换而发生变化。这会使人想到人的命运并非一成不变，并非无法改变。就像爱迪生那样，他上小学时，是班上成绩倒数第一的劣等生。据说他只在学校里待过三个月，便当了报童。这位少年时代曾经被认定是不堪造就的爱迪生，后来竟然发明了电报机、电唱机、白炽电灯、电影放映机等1300多件物品，为推动世界文明和进步做出卓越的贡献。

美国伟大的作家马克·吐温认为19世纪中最值得一提的人物是海伦·凯勒。凯勒刚出生时，是个正常的婴儿，能看、能听，也会咿咿呀呀地学语。十几个月后，一场疾病使她变成了又瞎又聋的小哑巴。这位残而不废的强者，在导师的培育下，克服了多重的残疾，学会了阅读、写作和说话，还在剑桥拉德克利夫学院以优异的成绩取得学位。第二次世界大战后，她在欧洲、亚洲、非洲各地巡回演讲，唤起了社会大众对残疾人的重视，被《大英百科全书》称颂为有史以来残疾人士中最有成就的代表人物。海伦·凯勒的一生说明，人可以扭转劣势，从零做起，改变自己的命运。正像麻将牌给人的启示一样，后天的努力能够弥补、改变、超越先天的限定、制约和不足。

玩牌乃人生乐事，是一种高尚的精神消遣和享受，可以培养锻炼人的智商、信念和毅力。但是，什么事情都有一个度的界限，过之则反，玩牌也是如此。有的人通宵达旦迷在牌桌上，不但有损健康，还失去真正意义上的信念和毅力。有的人用它赌博，嗜赌成瘾，走火入魔，弄得妻离子散，倾家荡产，走向好事的反面，这也是玩牌给人的反面启示。

有的人虽不沉迷于玩牌，但对收藏扑克牌却产生了浓厚的兴趣，从中找到了乐趣。扑克牌收藏在欧美一些国家早已流行，而在我国收藏界，收藏扑克则是近十年来兴起的。

江西某电视台记者邵先生收藏扑克牌近十年，收藏各式扑克1700多种。这些扑克大多成套，少则一套几副，多则几十副，且题材广泛，什么花鸟鱼虫、影视天地、商业广告，真是无所不有，无所不及。"文明历史""中国近代史""中国革命史"分别用图表和照片的形式来展示中华五千年历史的变迁。"中国名胜古迹"扑克一套8副介绍了432个风景名胜和城市，使你足不出户，畅游神州。"成语故事""学英语""数学智力"扑克能让你在玩牌的同时学习知识，起到寓教于乐的作用。

我国的牌面图案扑克，集知识性、趣味性、实用性为一体，已改变了传统的"千牌一面"的老面孔，并把书画、摄影艺术融汇其中，成了一张张人们在娱乐中能够阅读的"百科知识卡片"。

在扑克牌世界里，你还能欣赏到风情各异的"世界民族舞蹈"；《中华影星超级桥牌》能让你回到往日的记忆，见到久违的银幕形象——李向阳、小兵张嘎、林则徐、董存瑞，还能看到今日银幕明星；"世界名车""手表王""世界风光""文物珍品"更让人目不暇接。

随着市场经济的发展，产品广告也走上了扑克牌，而且在我们的生活中无所不在。

闲暇时细细欣赏这些扑克，乐趣非凡，回味无穷。扑克收藏不失为一种寓教于乐，投资少、效益大的高雅情趣爱好，同时对思想情操也是一种净化和陶冶。

运动激活快乐荷尔蒙

让身体快乐起来，精神也就会快乐。

烦恼的最佳"解毒剂"就是运动。当你烦恼时，多用肌肉，少用脑筋，其结果将会令你非常惊讶。

绝望的人都有一共同的特性——感情麻木，所以帮助他们的方法就是激励他们振作。如果你此刻心情低落，千万不要坐着不动，因为这样只会让这种心情持续，你不妨从自我奖励开始，例如买些以前一直想买的东西，或是拜访一直没空去看的朋友或亲人。如果距离不太远，最好走路，不要搭车。假使你有运动的习惯，那么就以运动好好发泄一番，驱走低落的情绪。事实上，运动是克服恶劣心情的有效法宝。

我们若发现自己有了烦恼，或是精神上像埃及骆驼寻找水源那样地猛绕着圈子不停打转，我们就利用激烈的体能锻炼，来帮助我们驱逐这些烦恼。那些活动可能是跑步，或是徒步远足到乡下，或是打半小时的沙袋，或是到体育场打网球。不管是什么，体育活动总能使我们的精神为之一振。周末，我们可以绕高尔夫球场跑一圈，打一场激烈的网球，或去滑雪。等到我们的肉体疲倦了，我们的精神也随之得到了休息，因此当我们再度回去工作时，就会精神饱满，充满活力。没人在滑雪或做激烈运动时还烦恼，因为他忙得没时间烦恼。烦恼的大山很快就变成微不足道的小山丘，一个新念头和新行动很容易就能将它"摆平"。

快乐的身体也能带动快乐的心。

专门研究快乐如何影响心理的科学家楚安尼曾整理出快乐的技巧，方法简单而且效果神速，让人能立刻就变得乐观起来，这就是运动和听音乐。

楚安尼强调说，要矫正头脑之前，首先请校正身体。为什么呢？因为生理及心理是息息相关的。相信你也该有过这样的体验，当心情处于低潮的时候，我们往往无精打采、垂头丧气；而心情快乐时，自然是抬头挺胸、昂首阔步了。所以，身体的姿势的确会与心理的状态密不可分。

再从另一角度来看，当一个人抬头挺胸的时候，呼吸会比较顺畅，而深呼吸则是释放压力的妙方。所以当抬头挺胸时，我们会觉得比较能够应付压力，当然也就容易产生"这没什么大不了"的乐观态度。

另外，与肌肉状态有关的信息也会通过神经系统传回大脑。当我们抬头挺胸的时候，大脑会收到这样的信息，四肢自在，呼吸顺畅，看来是处于很轻松的状态，心情应该是不错的。

在大脑做出心情愉悦的判决后，心情于是就更轻松了。

所以请千万别小看这个简单得令人不可置信的方法，下次若头脑中悲观的念头又冒出来时，赶快调整一下姿势，抬头挺胸地带出乐观心境吧！或者运动几下，激活快乐荷尔蒙。自己的心情自己救，要知道，快乐是你的权利。

在大自然中"放逐"自己

在旅行途中看多了山山水水，也亲身遭遇了一些生死关头，用"放"的态度看待人生，你会发现可以把事情看得更清楚。

当一个人把位置站高、眼光放远之后，自然而然就可以把事情看得更清楚，不会陷在原地继续打转。

对郜女士来说，35岁是人生的转折点，那年，她独自走上征途，决定成为一名旅行作家。这个抉择，不但彻底打开了她的视野，甚至从此改写了她的人生。郜女士不否认，决定"走出去"完全是基于危机意识。在采取行动之前，她一心只想当个相夫教子的家庭主妇。然而，在短短几年间，她的先生和女儿相继发生意外事件，使郜女士平顺的生活起了非常大的波澜。

郜女士从这些事中领悟到：生命是这么不可预测，与其把生命寄托在别人身上，处处想"依靠"别人，到头来可能什么都抓不住，不如回头"壮大"自己，因为，只有自己才最可靠。

正式行动以后，短短几年，郜女士的足迹遍布20多个省份，一共访问了54个少数民族，完成了超过100万字的报道，其作品曾经得到文艺协会的报道文学奖。

郜女士说，旅行写作让她发现了自己更大的潜力。她曾经在新疆、甘肃一带独自旅行40天，每天几乎只靠一个西瓜维持体力，那是她第一次体悟到自身生命力的强韧。

其实，成为一名旅行作家一直是郜女士多年的心愿，但因为受到婚姻、家庭的牵绊，阻碍了这项计划，她心里始终很遗憾。反倒是跳开以后，郜女士才蓦然醒悟，其实原因是出在自己"放不下"，担心这个，害怕那个。她观察："很多女性都是被这种想法捆得死死的，一辈子纠葛不清。"

她提及有一次在新疆天山骑马的经验，由于自己不谙马术，所以如临大敌般死抱着那匹马，紧紧抓着缰绳不放；不过，她注意到领头马夫，是一名哈萨克族青年，脸上却是一派从容自在的模样，握住缰绳的手非常柔软，完全是一种"放"的感觉。那一刻，郜女士终于恍然大悟："喔！原来，放松之后才能享受自在。"

或许是在旅行途中看多了山山水水，也亲身遭遇了一些生死关头，郜女士发现，自己愈来愈懂得用"放"的态度去看待人生，而且，愈来愈不"怕"了！

　　长期生活在都市中，缺少与自然亲近的机会，不妨抽时间到外面走走，张开双臂，投入大自然的怀抱。大自然如同一位慈祥的母亲，她会静静地听你诉说生活的烦恼，安慰你受伤的心灵。置身大自然中，走在绿树成荫的山间小路上，望着大自然造就的奇山异水，听着叮咚的泉水声以及清脆的鸟鸣声，让人感到如同置身世外桃源，心中的种种不快也随着缭绕的云雾慢慢散去。漫步海滨，一望无垠的大海、波涛汹涌的海面，让人顿生几分豪气。通过旅游，你既可以领略祖国的秀美山川，又可以遍访历史的足迹，缅怀古人，既放松了心情，又让自己的心灵受到洗礼。

　　大自然的魅力在于它巨大的生命力。越是原始的地方，我们越是感觉到生命力的强大。大自然的神奇，可以让人真切体会到生命的渺小和珍贵；大自然的美丽可以让人体会到人生的美好。所以，生活中当你感到烦闷时，不妨背起行囊，一个人独自去游山玩水，到大自然中"放逐"自己。

结语

练习不生气，成就最美好的自己

生气与快乐是硬币的两面，想要获得什么，就看你怎样把它抛向空中。愤怒是人的七情之一，虽然正常，但却是健康的杀手，是人际关系的红灯，是成功的绊脚石，是和睦家庭的原子弹，是我们继承的不良资产，也会是遗传后代的疾病基因。纵观古今中外的成功人士，他们成功的特质之一，必定是能适时地控制情绪。

古语云："生年不过百，常怀千岁忧。百事从心起，一笑解千愁。"哭是一天，笑也是一天，与其愁眉不展，不如笑看人生。我们都是世间的匆匆过客，与其烦恼，不如快乐，与其计较，不如宽容。

其实，不生气是不可能的，可是管理怒气是可以练习的。因为愤怒有油门，也有刹车，就看你的理智让你踩下哪个踏板了。

　　不生气是区分强者与弱者的方法之一。真正的弱者不在于战胜不了别人，而在于战胜不了自己。他们或多或少地充当着情感的奴隶，受着情感的驱使，少有克制自己的勇气和信心。真正的强者都是驾驭情感的高手，他们控制情感冲动、内心欲望的过程也正是战胜自我、超越自我的过程，而战胜了自我的人多为生活中的强者。所以弱者之弊正在于受驭于情感。如果愤怒之时，你能冰释掉心中的火焰；消沉之时你能寻回奋斗的力量；无聊之时你能够将时间用于有意义的忙碌；空虚之时你能够充实自我；懦弱之时你能够找回信心，扬帆启程……那么，孤独、忧心、失望、丧气、沉沦就永远不能搅扰你。东边是光明的彼岸，你扬帆向东；西边是成功的港口，你挥桨朝西。如此，你不为强者，谁为强者？

　　控制好情绪，不生气没有想象中那么难！

　　练习不生气，修炼人生的高境界；点亮心灯，驱除心中的阴影；清醒理性，增强对"生气"的免疫力。不生气是对人生的觉悟，是一种高超的处世智慧。气顺则百病消，心畅则万事畅。让我们拈花一笑，把所有的烦恼化为甘甜；让我们做生活的强者，成就最美好的自己。